— 北 京 市 科 学 技 术 协 会 科 普 创 作 出 版 资 金 资 助 —

总师讲
国之重器的
科学

图说
火星探测的
科学

贾 阳 —— 编 著
贾思航

化学工业出版社

·北京·

内容简介

火星这颗暗红色的神秘星球很早就吸引了人类的关注。2020年7月23日,长征五号火箭托举着天问一号探测器点火升空,我国的火星探测之旅拉开帷幕。

本书由火星探测器副总设计师与青年科普作者共同编写,从火星的神话传说开始讲起,内容涵盖火星的基本情况,人类探索火星的历史发展、火星探测的形式和意义;并以我国的火星探测任务为背景,详细介绍了探测系统、环绕火星、降落火星、巡视火星,以及火星探测器设计过程中的细节问题;最后,将目光投向更遥远的未来,引导读者打开脑洞,对火星资源的利用、火星移民展开丰富的想象……

本书用简明、有趣的语言,配合大量高清彩色大图,将火星探测涉及的科学知识和技术原理进行了深入浅出的分析,可供航空航天爱好者和大中学生参考阅读,也可作为相关研究人员的入门书籍。

图书在版编目(CIP)数据

图说火星探测的科学/贾阳,贾思航编著.—北京:化学工业出版社,2023.2

(总师讲国之重器的科学)

ISBN 978-7-122-42580-5

Ⅰ.① 图… Ⅱ.① 贾… ② 贾… Ⅲ.① 火星探测-青少年读物 Ⅳ.① P185.3-49

中国版本图书馆CIP数据核字(2022)第230570号

责任编辑:王清颢   文字编辑:袁宁
责任校对:宋玮   装帧设计:溢思视觉设计/张博轩

出版发行:化学工业出版社
          (北京市东城区青年湖南街13号 邮政编码100011)
印   装:天津图文方嘉印刷有限公司
710mm×1000mm 1/16 印张13 字数181千字
2024年1月北京第1版第1次印刷

购书咨询:010-64518888   售后服务:010-64518899
网   址:http://www.cip.com.cn
凡购买本书,如有缺损质量问题,本社销售中心负责调换。

定   价:79.80元

人类的好奇心与生俱来，所以我们仰望头顶的星空，渴望探索宇宙的奥秘。从只能目视观测，到用望远镜观察，再到发射探测器传回图像，正式开启航天时代……人类从未停止探索的脚步，航天工作者通过不懈的努力和刻苦的钻研，推动了科技的进步，也实现了自己的航天梦。我的父亲就是其中的一员。

火星探测器的设计与研发是一个漫长的过程，从组建研发团队到祝融号踏上火星，经历了整整六年的时间。在这六年中，研制团队克服了许多困难，见证了祝融号向火星前进的每一步。航天人从事这份事业的初衷也许是源于好奇心，但真正让航天事业走向成功的，是他们坚韧的精神和无私的奉献。

每一段探索真理的道路不尽相同，但都少不了一些步履维艰的日子。在包裹着黎明的黑暗里早早开始忙碌的一天，在深夜的台灯下强忍着困意整理实验的数据，野外试验场的日与夜显得越发漫长，发射前的倒计时似乎多看一眼都会紧张到窒息。路够黑，天才亮。爱因斯坦曾经说过："追求客观真理和知识是人的最高和永恒的目标。"在中国航天事业发展的道路上，无数航天人因为追逐梦想而闪闪发光。

于浩瀚的宇宙而言，人类是渺小的。一代又一代的航天人因为人类共同的好奇心和肩上的责任而努力着，他们挥洒青春，无怨无悔，他们因梦想而伟大。期待有更多的年轻人能够了解航天知识，加入深空探测事业，传承航天精神。

面朝星辰大海，一往无前。

贾思航

前言

文明之光刚刚出现的时候，人类就像好奇的孩子，观察着世间万物，看植物的盛衰荣枯，动物的繁衍生息，自然界的暑往寒来和日月星辰的升落隐现……

随着科学技术的进步，人类的生存空间渐渐扩大，从陆地到海洋，从航空到航天，人类认识宇宙的能力也在逐渐发展。丹麦天文学家第谷在望远镜发明之前就对星空进行了最精确的观测，伽利略则把望远镜对准了月亮、木星、土星……然而从地面上观察太空只是人类认识宇宙的第一步。

进入航天时代后，科技的飞速发展使人类能够更近距离地开展探测。人类的探测器到达了月球、金星、火星等星球，加深了对太阳系的认知，不仅实现了近距离飞掠、环绕，还能派出着陆器和巡视器，着陆在星球表面上，再开展巡视探测。中国的月球车按照人类的指令探索着宇宙的奥秘，探测器还成功将月球的土壤样品带回到地球的实验室，让科学家能够用先进的仪器设备仔细进行研究。我国首次火星探测任务已经圆满完成，天问一号环绕器绕着火星飞行，祝融号火星车在乌托邦平原行驶……天空中那颗遥远、神秘的暗红色行星仿佛离我们越来越近了……

本书由火星探测器副总设计师贾阳与青年科普作者贾思航共同编写，从火星的神话传说开始讲起，内容涵盖火星的基本情况、人类探索火星的发展历史、火星探测的形式和意义；并以我国的火星探测任务为背景，详细介绍了火星科学探测的各种形式、环绕、降落、巡视，以及火星探测器设计过程中的诸多细节；最后，将目光投向更遥远的未来，引导读者打开脑洞，对火星资源的利用、火星移民展开丰富的想象……本书用简明、有趣的语言，配合大量高清彩色大图，将火星探测涉及的科学知识和技术原理进行了深入浅出的分析，可供航空航天爱好者和大中学生参考阅读，也可作为相关研究人员的入门书籍。

感谢谭浩、张旺军、李锐等为本书制作了部分插图，还有杜勇、喻菲等拍摄的照片，为本书增色不少，在此一并表示感谢。

由于时间仓促，书中不足之处在所难免，恳请广大读者批评指正。

人类的好奇心永无止境，人类探索的脚步从未停止。保持好奇，把不可能变成可能。也许有一天，我们会在火星上迎接一个新时代的来临。

编著者

2023年秋

目录

第1章
揭开火星的面纱

第2章
神奇的火星

第3章
火星探测

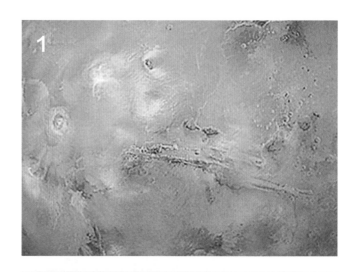

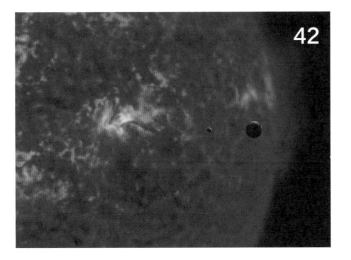

42

第4章
天问一号火星探测任务

58

第5章
环绕火星

70

第6章
降落火星

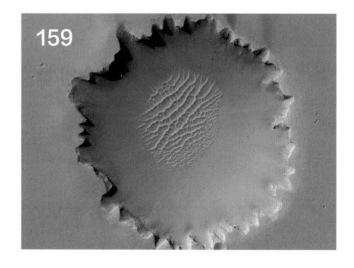

第1章

揭开火星的
面纱

神话传说

更深入地了解宇宙是人类一直以来的美好愿景。由于早期认知能力的限制，世界各地的人们通过神话故事来解释日月星辰的产生与运行，例如中国古代神话传说中的盘古开天辟地等。古代人类逐渐发现天体的运行规律同日常生活存在着密切的联系，最早可以追溯到古埃及人将尼罗河的涨落与天狼星、太阳的运行联系到一起。人类通过裸眼观测天体，并不断总结天体运行的规律，于是形成了天文学。

火星是太阳系八大行星之一。夜晚，在繁星之中，火星很容易引起人类先民的注意，它是暗红色的，在恒星的背景上，时而向东运动，时而向西运动，行踪诡异，在有文字记载的各古代文明中留下了很多关于它的记录。

因为它的颜色似血，所以在西方，以希腊神话中的阿瑞斯（或罗马神话中对应的战神玛尔斯）命名它。火星有两颗小型天然卫星——火卫一（福波斯，Phobos）和火卫二（德莫斯，Deimos），它们都是以阿瑞斯儿子的名字命名的。

阿拉伯人把火星想象成火炬，印度人设想火星是燃烧的木炭。那个时候，人类对火星本身的性质一无所知，能够看到的只是它的颜色，及其在恒星背景上的运动。

在古代中国，火星被称为"荧惑"，"荧荧火光，离离乱惑"中至少包含两个方面的意思。

首先是颜色，它呈暗红色，时亮时暗，荧荧如火。在位置适当的时候，火星是全天除了太阳、月亮和金星之外最亮的天体，在满天星辰中特别引人注目，不只因为它的亮度，还因为它的红色。不过当火星最暗的时候，在群星之中找到它还是有点困难的。

另外就是它在天空中运行的轨迹，大多数的时候火星自西向东运行，但是有些特殊的时候，它运行的方向恰好相反，在恒星的背景上自东向西逆行。这种奇怪的现象，给古人带来了疑惑。

在中国古代，同样是红色恒星的心宿二象征帝王，如果游荡的火星在心宿二附近停留或自东向西逆行，被视为侵犯帝王，人们认为帝王恐有亡故之灾。

不过人类没有满足于这些粗浅的认识，凭借丰富的想象力，带着困惑，不断观察，不断探索，努力寻找现象背后真正的科学道理。

目视观测

仔细观察火星，会发现，除了颜色暗红，亮度有明暗变化，运动时顺时逆，它还会受到明亮的太阳的影响，偶尔消失一段时间。经进一步地分析总结，发现了它运行的规律：每隔两年多一点的时间，它就会出现在夜空中同样的位置，而且亮度的变化、顺逆运动的改变也具有相同的周期。这意味着人类知道了火星视运动的会合周期是2.14地球年。

设想一下，在学校里面，操场上有两个小朋友绕着体育场在跑步。有一个小朋友跑得快一些，在第三跑道，每一分钟就能够跑一圈。另一个小朋友在第四跑道，跑得慢一些，需要2分钟才能够跑一圈。如果他们从同样的起点出发，等到2分钟之后，内圈的小朋友跑了两圈，外圈的小朋友跑了一圈，他们在起点的位置上再度会合,实现扣圈。如果外圈的小朋友跑得再快一点点，也就是说他跑一圈的时间比2分钟缩短一点点的话，那么就意味着，两个小朋友会合的时间会更长一些，即比2分钟多一些，才能够扣圈，而且扣圈的位置也不会发生在起点了,而是在起点再往前一段的位置。这差不多就已经解释了火星、地球在运行的过程中，为什么每隔两年多一点的时间，就会有一次会合的原理。

在地球上观察，认为日月星辰围绕地球旋转是很自然的事情，很容易理解，也很容易解释。大家都熟知的托勒密建立的地心说，就是基于这样的观察体验。但是在精细解释五大行星（金星、木星、水星、火星、土星）在恒星背景前的运动时，地心说遇到了挑战，于是升级到本轮与均轮模型，也就是行星的运动是大圆圈之上还套有小圆圈，这样就解释了行星的逆行。

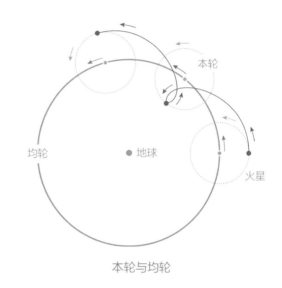

本轮与均轮

更精细的观测使人们逐渐认识到，把地球放在宇宙的中心，行星绕着地球环绕运行，解释起来越来越困难。而如果把太阳放在中心，地球和五大行星都绕着太阳运行，即所谓日心说，解释观测到的现象似乎会变得更加简洁。哥白尼首先提出了日心说理论，认为行星在绕着太阳做圆周运动。其实新理论与观测结果符合得并不好，有时还不如本轮与均轮模型预测的结果准确。第谷用他"功能强大"的肉眼精心观测，编制了精准的星表，还对行星的运动做了精确的记录。这些宝贵的记录为日心说的升级完善奠定了基础。

第谷的一位助手，德国人开普勒，利用第谷的工作资料，花费了漫长的时间改进日心说。他不再相信哥白尼提出的行星是在圆形轨道上绕太阳运行的，他认为行星的确围绕太阳运行，但是它的轨迹不是圆形，行星是在椭圆形轨道上运动的。

其中有一个细节，就是在开普勒提出太阳位于行星椭圆轨道的一个焦点这一重要结论的过程中，火星是做出了贡献的。因为火星的轨道相对来说没有那么圆，大量的和精确的关于火星天空位置的观测，支持了开普勒第一定律，为日心说的发展提供了强支撑。

火星的轨道比金星、木星等行星的轨道距离标准的圆形更远一些，火星的轨道偏心率是0.093，而地球的偏心率是0.017，金星的偏心率只有0.007。火星的轨道没有那么圆，意味着开普勒整理数据的时候，会发现用圆解释火星的运行轨道有偏差，更容易得到火星的轨道是个椭圆这个结论，进而确定五大行星和地球的轨道都是有一个焦点位于太阳的椭圆。接下来，开普勒的三大定律就呼之欲出了。

不过，在天文望远镜发明之前，人类的文明虽然发展了数千年，但是关于火星本身的认识，其实还相当肤浅。随着天文望远镜的出现，人类逐渐揭开了火星这颗神秘红色星球的面纱。

望远镜时代

在小型望远镜里面第一次看到火星的人通常会比较失望，因为能够看到的只不过是一个有些许暗斑的红色圆盘。如果条件更合适一些，火星的极冠❶刚好对着地球，那么还能够看到一些白色。

17世纪初，伽利略利用小型的天文望远镜观测到月球表面的撞击坑、木星的四颗卫星等等，人类的天文观测进入新阶段。但是，当他把望远镜对准火星，也只能看到一个橘红色的亮点。伽利略发现火星不是完美的圆盘，这说明他已经注意到了火星的盈亏，因为有的时候火星明亮的部分只有86%朝向地球。当时望远镜的性能决定了人们不会有更多的发现。后来望远镜的口径扩大，性能逐渐提高，火星在望远镜里面变得更大、更清晰起来。

比如发现在火星的表面上，有一些位置相对周边更暗一些，观察这些暗区的运动，就确定了火星的自转周期比24小时长一些。利用火星大冲，也就是火星与地球之间距离比较近的机会，仔细地观察火星的表面，就会发现，在火

---

❶ 火星极冠：是指火星南北极有水冰及干冰覆盖的区域。

星的极区存在着白色的极冠，由此可以确定火星自旋轴相对于公转轨道面的倾角，这意味着火星的表面和地球一样，也存在着四季的变化。

由于火星和地球之间的距离有时远，有时近，火星的视直径看上去变化也比较大，小的时候只有3.5″，大的时候会达到25.79″。从望远镜里面可以看到，火星北半球冬季的极区有白色的极冠，大小随季节变化，甚至在夏季也不会完全消失，主要的成分是水冰和干冰。

火星上经常发生大规模的尘暴，沙尘会被卷到数十千米的高空，每个火星年都会发生上百次的区域性尘暴，有的时候甚至会发展成全球性尘暴。在地面，从望远镜里面就可以观察到沙尘暴的演化过程。

确定火星有大气层时，天文学家借助了火星掩恒星这样的特殊天象。英国人赫歇尔是位极其出色的观察者，当火星在星空穿行的时候，有时会正好移动到某颗恒星的前面。1783年，他发现即使火星不是正好位于恒星前面，恒星的

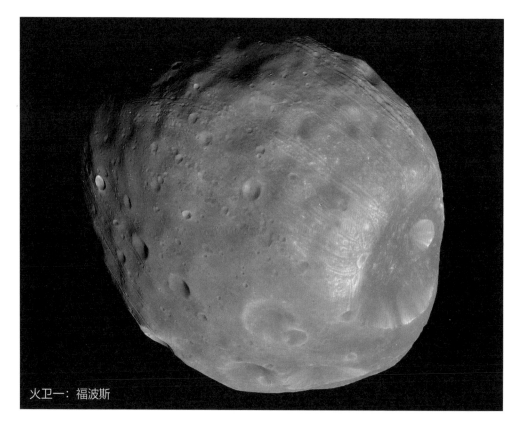

火卫一：福波斯

亮度也会变暗，说明火星有不是很稠密的大气层。

当太阳、地球、火星三者近似处于一条直线上的时候，火星和地球位于太阳的同一侧，被称为火星冲日。如果火星冲日发生在火星近日点附近，火星会显得更大一些，则称为火星大冲。在航天时代到来之前，火星大冲是观测火星的最佳时期，此时观察火星，距离近，而且整夜可见，更容易描绘火星表面的细节特征。

1840年，人类绘制了第一张完整的火星图，这是第一张用经纬度标注的地球之外的行星的地图，而且明确将零度经线定义在南纬5.2度一个小的暗点上，这个暗点是一个直径35英里（1英里约为1609米）的撞击坑，它以艾里爵士的名字命名，这位爵士是19世纪特别厉害的皇家天文学家，在将格林威治确定为地球经度起算点这件事情上，他做出了贡献。

1877年，火星和地球之间的距离非常近，激发起人类观测火星的又一次

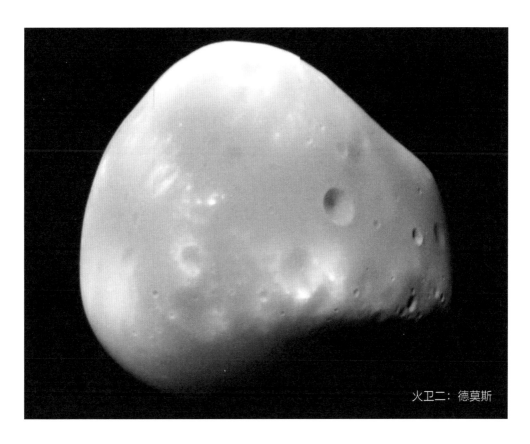

火卫二：德莫斯

高潮。美国人霍尔使用当时世界上最大、最先进的26英寸（1英寸约为2.54厘米）折射望远镜观察火星，发现火星周围的小点竟然是环绕火星旋转的，原来火星也是有天然卫星的，而且是两颗，它们分别被命名为福波斯及德莫斯。

这两个卫星形状奇特，可能是被引力捕获的小行星，而且都非常小，不足以遮挡住太阳，因而在火星表面（常简称为火面）不可能发生地球上日全食那样的天象。从火星表面观察，火卫一每年上千次经过太阳的前方，不过只能遮挡住太阳的1/3，整个过程持续半分钟。火卫二则看上去更小，需要2分钟划过太阳的表面。有可能观测到两颗卫星同时凌日●的景象，火卫一甚至能够遮挡火卫二。火星的天空白天看起来是粉红色的，夜间非常黑暗，无论火卫一，还是火卫二，都不能够提供太多的光亮，天空中的恒星变得更加明亮，闪烁的程度要比地球弱得多。

更重要的发现是，在火星的表面上有几条暗色的线条，这引起了人们的广泛猜想，认为可能是火星表面的水道，甚至被解释为人工开凿的运河。"运河"这个词，暗示着火星上存在着高级的生命，让人们想象在火星上有水、植物，还存在着智慧生命，于是大量的科学幻想作品产生。这个浪漫的设想，一直延续到了1948年，利用加利福尼亚帕洛玛天文台建造的直径5米的望远镜仔细观察火星，发现那些"运河"并不存在。所谓的"运河"，仅仅是火星上的沙尘在季风的带动下，大范围移动所产生的。偶尔还观察到了白色云层，更仔细的观察者发现，在晨昏线上能够看到不寻常的明亮的闪光。闪光曾经被怀疑是火山喷发，但是现在看来，那是由于在火星表面的低洼地带，云层、霾和雾等对阳光的反射形成的，当火星、太阳和地球几间关系符合一定条件的时候，在地球上就可以看到来自火星的闪光。

人类使用望远镜观察火星持续了3个世纪，成功地确定了火星的轨道参数、旋转速度及其转动轴方向，还描绘了火星表面上主要的暗区和亮区的形状，发现了火星的极冠，记录了季节的变化，还看到了覆盖整个火星表面的尘

● 凌日：是一种天文现象，指太阳被一个小的暗星体遮挡。

暴，利用火星掩恒星这样的机会，证实了火星拥有稀薄的大气。然而，要想更深入地了解这颗神秘的红色星球，必须发送探测器到火星的附近，进行更翔实的探测。

航天时代

1965年，人类第一次依靠水手四号探测器获得了火星表面的图像，真正开始近距离地观测火星，对火星的认识进入了航天时代。

1883年的夏天，俄罗斯的一位教员齐奥尔科夫斯基产生了到星际空间旅行的念头，在他的著作中提出的火箭发动机推力公式成为火箭技术的基础。1911年，在给友人的一封著名信件中，他预言人类不会永远停留在地球的束缚之中，总有一天会畅游太阳系。

人类进入航天时代之后，为深化对火星的认识，苏联、美国和其他国家发射了数十颗火星探测器，逐步深化了人类对火星的认知。

1962年11月1日，苏联发射了火星一号探测器，形状是一个圆柱体，还带有大型的高增益天线。可是第二年的3月，在飞往火星的途中，探测器出现故障而失联。

1964年11月28日，美国发射的水手四号火星探测器，于1965年7月14日在距离火星表面近1万千米处飞过火星，它成为人类成功到达火星附近的第一个探测器。它发回22幅近距离的火星照片，揭示在火星的表面有大量的撞击坑，火星的周围没有较强的磁场，火星大气的主要成分是二氧化碳，且密度较低。

水手九号探测器于1971年11月14日进入了环绕火星的轨道，发现在火星的表面，除了布满撞击坑之外，还存在着年轻的火山峡谷。著名的火星大峡谷

也是由水手九号探测器发现的，这个横亘火星表面几千千米的峡谷，后来被命名为"水手谷"。在火星的表面还发现了多次局部的沙尘暴。

关于火星，人类了解得越来越多，但是想知道得更多。美国接着发射了两个着陆器——海盗一号和海盗二号，希望能够在火星的土壤中寻找到微生物存在的证据。海盗一号轨道器和着陆器于1975年8月20日发射，1976年6月19日进入火星环绕轨道，在轨道上利用大约1个月的时间对火星表面进行拍照，目的是找一个可以安全着陆的区域。海盗二号于1975年9月9日发射，1976年8月7日进入火星轨道，环绕飞行了一段时间之后，于1976年9月3日着陆。这两个探测器获得了火星表面大量的观测资料，发回了火星表面的第一张彩色照片，在照片中能够看到火星表面的岩石和沙化地貌。

1997年7月4日，以美国索杰纳·特鲁斯的名字命名的火星车来到了火星的表面，尽管其设计寿命只有一周，但实际上它工作的时间持续了3个月，行驶了大约100米。在火星车上搭载了一个α粒子X射线谱仪，这台设备发射出α粒子，打到岩石或者土壤上，激发出X射线，用来探测火星土壤和岩石的元素组成。

火星与地球相似，人类进入航天时代以来，火星被认为是太阳系中地球之外最有可能存在生命之地，一直是探测活动的热点。后来欧洲航天局、印度、阿联酋等国家和组织也加入到火星环绕探测的队伍中。中国的天问一号火星探测任务更是一次性实现了绕（环绕）、落（降落）、巡（巡视），使中国加入到人类火星探测队伍中，并成为第二个在火星表面开展巡视探测的国家。

第2章

神奇的
火星

火星标准照

这是美国的火星环球观测者探测器于2003年5月拍摄的火星景观。照片显示，火星北半球正处于初秋，而南半球则是早春。照片左为巨大的塔尔西斯火山，中间是数千千米长的峡谷，底部南极被季节性的二氧化碳霜覆盖，而右上阿西达利亚平原沙尘暴肆虐。图中上为北，右为东，阳光从左边照亮火星。

各国探测器已数十次光临火星，人类对火星已经有了基本的了解。通过各种公开资料可以收集到很多关于火星的具体数据，让我们一起来认识一下火星吧！更重要的是，在介绍了火星的基本情况之后，一起分析一下这些数据给火星探测任务设计带来了哪些便宜，留下了哪些挑战。

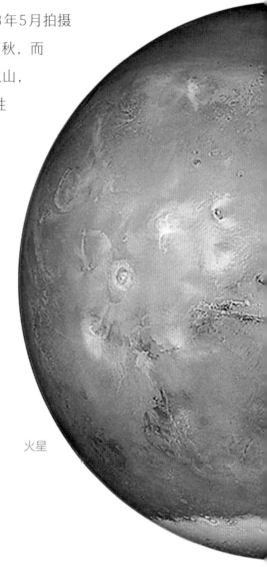

火星

公转与自转

地球到太阳的距离变化不大，一年中平均距离是1.496亿千米，光是最快的旅行者，跑这段距离大约需要8分钟。为了更加简洁地描述行星到太阳的距离，常常把日地平均距离当成标准尺子，称作1天文单位（1A.U.）。火星到太阳的平均距离约是1.5A.U.，到达火星表面的阳光其实在12分钟之前就已经从太阳出发。不过由于火星公转轨道在八大行星之中偏心率排行仅次于水星，没有地球轨道那么圆，这导致火星距离太阳时近时远，最近的时候为2.067亿千米，最远的时候2.492亿千米，对应着1.38～1.666A.U.。

这意味着从火星看太阳，太阳看上去有的时候大一些，有的时候小一些，但是与地球上相比，太阳变小了，阳光也变弱了。

火星的轨道偏心率比较大，因此，到达火星的太阳的热量在一年之中存在着明显的差异。与地球相似，火星也有四季更迭，距离太阳比较近的时候对应着火星北半球的冬季，北半球夏季的时候火星距离太阳要远一些。对南半球而言，夏季火星距离太阳更近一些，这时候火星在轨道上运行得更快一点，因此南半球的夏季比北半球的夏季要短。

设计祝融号火星车的时候，设计师就利用了这一点。火星车春末夏初到达北半球北回归线附近的着陆点，正午时分太阳光近似垂直照射，能源充足，此时太阳距离火星远一些。随着时间的推移，到了北半球的冬季，太阳中午的时候只能爬到高度角40°左右，能源有些紧张，不过这时候太阳与火星之间的距离恰好最近，在一定程度上能够帮助火星车多发点电。

与之相关，地球与火星之间的距离变化范围很大。火星冲日每隔火星的会合周期780天就会出现一次，冲日恰在火星近日点附近的大冲则每隔15年或者17年出现一次。每次大冲，地火之间的距离也不是完全一样，2018年7月27日，地球与火星距离为5759万千米，是一次距离比较近的大冲。火星冲日时，明亮的红色行星很容易吸引人们的关注。

火星与地球距离最远的时候，也就是火星与地球分别处于太阳两侧时，火星被太阳的光辉掩盖，有几个月的时间，人们无法用肉眼观察到火星。

祝融号在火星表面开始工作时，火星与地球之间的距离是3.2亿千米，而随后的几个月距离逐渐变大，设计师必须克服如此遥远的距离带来的困难，让火星车能够收到地面发送的指令，还要把火星车探测到的数据传到地面。

火星自转轴与公转轨道面法线夹角是25.2°，与地球的23.5°很接近，意味着火星同样有一年四季的变化，不过火星的一年对应的是687个地球日，每个季度的时间长度大约是6个月。

地球的自转轴近似指向小熊座α，这颗星在中国也被称作北极星。在北半球的夜空中，它看上去固定不动，而所有的天体都在围绕它旋转。当然，这是对地球上北半球的观察者而言的，在南半球就没有那么幸运了，因为没有一颗明显的"南极星"。

火星的自转轴近似指向天津四与天钩五连线的中点，这两颗星都相当亮，未来可以作为火星开发者的方向指引。因为在火星上没有全球性磁场，指南针会失灵。

不过这都是现下的状态，从更长的时间尺度上去看，1.2万年之后，地球的北极星将变成明亮的织女星。在5.1万地球年的时间长度内，火星自转轴的倾斜角度会在14.9°～35.2°之间变化，火星的北极星也会易主。

火星的自转周期为24小时37分22秒，火星上的一天对应24小时39分35秒。地球自转周期是23小时56分钟4秒，一天是24小时。地球的一天为什么恰好是整数？因为时间的刻画最初就是把地球的一天分割成24小时，再分割成1440分钟，再分割成86400秒。地球上的一天比其自转周期长约4分钟，火星的一天比其自转周期长约2分钟，其原因可以在各自绕太阳转一周的公转周期中找到，大致分别对应1440/365、1480/687。

　　火星上的一天平均是88775秒，但是这个时间长度对于在火星表面工作的探测器并不一定好用。由于火星公转轨道有点扁，实际上一天的时间长度也会有变化，使用一天的平均时长，会导致在火星上，实际当地最高的太阳高度角有时候出现在12时50分，有时候出现在11时20分。可是探测器着陆点的温度与太阳高度角关系密切，为了节省能量，探测器开展移动等活动又与环境温度相关，使用这种时间基准使我们在探测器的任务安排时遇到了困难。

　　祝融号的设计师们决定采用火星车落火（即在火星着陆）之后3个月工作时间对应的火星一天平均时长，作为安排任务的周期。几个月之后，误差超过5分钟了，就对时间长度进行调整，对应下一个阶段的火星日平均时间长度，也就是说，祝融号使用的火星一天时间长度不是年平均值，而是最近几个月的火星一天时长平均值。

大气与沙尘

　　火星大气的主要成分是二氧化碳，占95%，其次是氮，占3%，氧和水的含量都很少，平均分子量为43.34，这样的气体成分对人类并不友好。火星大气成分一般是通过测量红外吸收光谱数据得到的。

　　火星表面气压最低处是奥林匹斯山的山顶，约为30帕，而压强最高处是在希腊平原的低点，对应1155帕。地球海平面的平均压强是101.3千帕。与地球不同，火星没有海平面，科学家选择610帕作为基准，建立了火星表面的高度和深度的数据，这个基准压强对应着水的三相点压强。火星表面声速为240米每秒，比地球表面声速小约30%。

　　选择着陆点的时候，优先选择海拔比较低的区域，这是因为在降落的过程

中路径长，有利于充分发挥火星大气的减速作用。

火星大气环境对火星探测器产生的影响还有：高压电子设备低气压放电、火星车对流换热、火星着陆器进入大气层过程的降落伞减速、减速发动机迎风点火等。

火星两极极冠的主要成分为水冰，还有少量的干冰，也就是固态二氧化碳。

在北极，夏季永久冰盖主要由水冰和尘埃的混合物组成，温度通常不会上升到足以使冰升华。但是，火星上气压比较低，冰通常是直接升华成水蒸气。在冬季，北极的冰盖会急剧地增大，可以延伸到大约北纬60°地区，这是由于随着冬季的到来，二氧化碳会在火星的表面凝结。南极的冰盖在冬季和夏季会经历更加极端的天气。冬季，随着水和二氧化碳在火星表面的凝结，极地冰盖的面积大幅度地扩张；在南半球短暂、温暖的夏季，大部分固态的二氧化碳冰盖蒸发，气体的凝华与升华会导致火星的大气压强发生明显的波动，这种气压的变化为巨大的尘暴提供了动力，可以在南半球的夏季形成席卷整个火星表面的大尘暴。这也是在火星表面上工作的祝融号最让设计师们担心的一个问题，因为尘暴的出现会导致火星车能源供应不足。

火星表面沉积了厚厚的火星土壤，它们是岩石风化的产物，厚度通常在几米至几十米。火星上稀薄干燥的大气和风，可以把尘埃从表面扬起，从而造成尘暴。火星尘暴包括全球性尘暴和局部区域尘暴两种。尘暴主要在火星南半球的夏季出现，逐渐扩展到整个火星表面。因此，火星着陆探测任务可选择在北半球的春季或夏季执行，避免火星全球性尘暴的影响。

尘埃累积会影响光学仪器的工作性能、火星车太阳电池的输出功率、机构的正常工作。因此火星车设计时需考虑火星尘的影响，太阳电池需要具备除尘能力或留一定裕度，探测器运动机构需考虑防尘密封。

根据美国火星探路者任务获得的数据，火星尘沉积将影响太阳电池阵发电，前30天每天衰减率为0.3%，后续每天衰减率约为0.1%。从祝融号太阳电池的发电数据看，工作100个火星日时，其发电能力只下降了6%，但工作350个火星日（对应1地球年）时，其发电能力只剩余初始能力的1/3。

阳光与温度

在地球大气层外，太阳辐照的年平均值为1367瓦每平方米，由于太阳与地球距离的变化，在平均值附近产生的波动不超过3.4%。在火星的大气层外，远日点时太阳辐照为493瓦每平方米，近日点时为717瓦每平方米，平均值为589瓦每平方米，波动幅度比地球公转轨道附近大得多。

阳光透过火星大气后，光强衰减约40%，平均值约357.5瓦每平方米，相当于地球表面的43%。在赤道附近反照率❶为0.25～0.28，随着纬度增加，反照率增大，在南北两极位置达到最大值0.5。

火星自转轴与公转轨道的垂直法线夹角与地球差不多，赤道上最大太阳高度角一个火星年内在65°～90°变化。祝融号工作的地点正好在北回归线附近，落火之初恰逢北半球的春末夏初，祝融号能够感觉到天空很晴朗，每天的最高气温逐渐升高，夏至之后午后的最高气温达到了6℃。中午时分太阳高度角很大，到了夏至的中午，火星车发现自己的影子找不到了，一些长时间工作的设备午后还有点热。到了夜晚，气温迅速下降，最低温度达到了-80℃以下，火星车的太阳电池板的温度甚至降到了-90℃。

到了北半球的冬季，太阳高度角变小了，地上的影子越来越长，祝融号感觉到天气越来越冷，虽然晚上的最低温度只下降了10℃，但是中午最高温度却下降了38℃，这时候即使在中午，火星车也感觉到有点冷，晚上那就更冷了。

有的时候火星表面晴空万里，阳光充足，也有的时候沙尘肆虐，光强严重变弱。为了描述天气是否晴朗，设计师使用一个名字叫光深的参数来衡量。光深为0，相当于火星没有大气的理想状态，阳光直接照到火星表面；光深为

---

❶ 反照率：行星物理学中，用来表示天体反射本领的物理量。

0.2，意味着火星表面天空晴朗；如果光深为1，则是遇到了沙尘天气，最严重的情况是美国的机遇号火星车遇到过的光深为10的严重沙尘天气，结果是机遇号休眠后再也没有醒来。

地貌

火星表面地形呈北低南高的不对称结构，北半球主要是低洼平原，南半球主要是遍布陨石坑的高地，火星全球地形起伏剧烈。

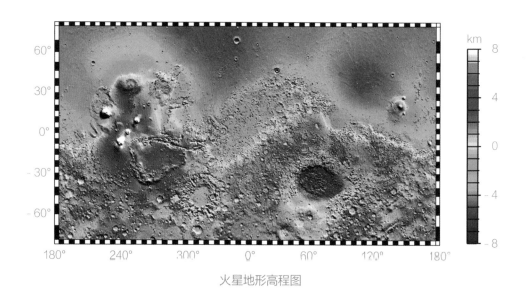

火星地形高程图

在美国的海盗号和探路者号探测器的着陆点，地表岩石占总面积的14% ~ 16%；在勇气号探测器的着陆点，岩石覆盖了不到20%，高度大于0.5米的岩石覆盖面积则小于总面积的1%；在好奇号探测器的着陆点，岩石覆盖面积为总面积的20%，高度大于0.55米的岩石覆盖面积占总面积的0.5%。火星着陆与巡视探测器在落区选择、着陆缓冲、移动系统设计中必须考虑其影响。

火星大气的流动产生风，有的时候风速还比较大，由此形成的典型地貌就是火星表面上大量的沙丘。它的形状和地球上的沙丘很像，迎风面和背风面的坡度差别比较大。

天问一号选择着陆时机的时候，就是考虑了这些因素，决定在北半球的春末选择平坦地区着陆，从而在3个月的寿命期内避开沙尘的影响。祝融号工作的地点，处于海陆分界线附近，火星车向南行驶，可以理解成是从很久之前火星的海洋区域向陆地方向行驶。

火星奥林匹斯山

火星沙丘

　　火星上没有厚厚的云层，是个理想的观星地点。在火星上，每天会看到太阳东升西落，还有斗转星移。那些熟悉的星座似乎更加明亮地呈现在眼前，偶尔出现的流星，同样可以用来许下心愿。依旧有五大行星在天空时顺时逆地旋转，不过其中一个换成了地球，很容易看到旁边还有一个亮点，与地球同时改变着盈亏。在火星上看到地球和月球都不困难，对着家乡的方向祈祷，也许是以后早期火星移民每日例行的仪式。

　　在火星表面看到的日出，不是暖红色的，因为大气的散射弱，太阳变得偏蓝。距离远导致太阳变小了，地球表面太阳的视直径是32′，也就是0.5°左右，火星表面看到的太阳变成了20′。由于两者自转角速度相差不多，火星上的日出、日落时间更短，只有80秒左右。

　　地球的天然卫星只有月球，火星有两颗卫星陪伴，不过都很小。火卫一形状类似马铃薯，特征尺寸约25千米，与月球直径3476千米相比小得多，但是轨道距离火星表面只有6000千米。火星车看到的火卫一大小约为地球上看到的月亮的20%。它从西方升起，逐渐变大，飞到正南方向，最后又逐渐变小在东方落下，整个过程不到5小时。

　　还没等你回味完，7小时之后，它又从西方地平线上升起。仔细观察，会发现由于阳光照射角度变化，火卫一有明显的盈亏变化，类似月相。

　　相对而言，火卫二就没那么容易被关注了。它又小又远，在天空中看上去和地球、木星差不多，长时间观察才会发现它在天空中的运动速度比其他行星快。

　　两颗卫星的大小不足以遮挡太阳，所以火星上不可能发生地球上日食那样的壮观天象。

　　当火卫一从太阳表面经过的时候，就会发生凌日现象，视直径20′的太阳表面上一个10′大小的黑影快速划过。整个过程不到1分钟，如果没有提前准备，只是感觉太阳光变暗了20秒左右。如果火星车想拍摄凌日过程，必须提前计算好时间，把多光谱相机对准太阳，用巴德膜挡位保护镜头不被烧坏，调整好曝光时间，尽可能连续多张拍摄。

有一种特殊的情况，火卫一凌日的时间恰好是即将日出或者刚刚日落。向着日出或日落的方向拍照，由于大气的散射，能够拍摄到天空的明暗变化。

火卫二凌日时，时间上从容些，整个过程持续时间不到3分钟，不过火卫二太小，感觉不到阳光变暗，有点像地球上看到的金星凌日，不过移动速度快很多。

理论上存在火星的两颗卫星同时凌日的可能，不过这样的机会就更难得了。

地月凌日机会难得，不到1′的地球和10″大小的月球，一大一小两个黑点从日面上划过，整个过程持续几个小时，下次出现的时间是2084年，这是在地球上无法见到的奇观。地球和月球的距离有时很近，有时横跨整个日面。

另外，从火星上也会看到金星、水星凌日的场面，这些都是难得一见的天文奇景。

类似月食，火星的卫星也会飞到火星的阴影中。火卫一消失的时间持续不到1小时，看不到像月食中初亏到食既的缓慢过程，明亮的火卫一在10秒内逐渐消失了，50分钟后又突然出现。火卫二进入火星阴影时，相当于看到一颗比较亮的星星消失约1.3小时。火卫食现象没有月食那么壮观。

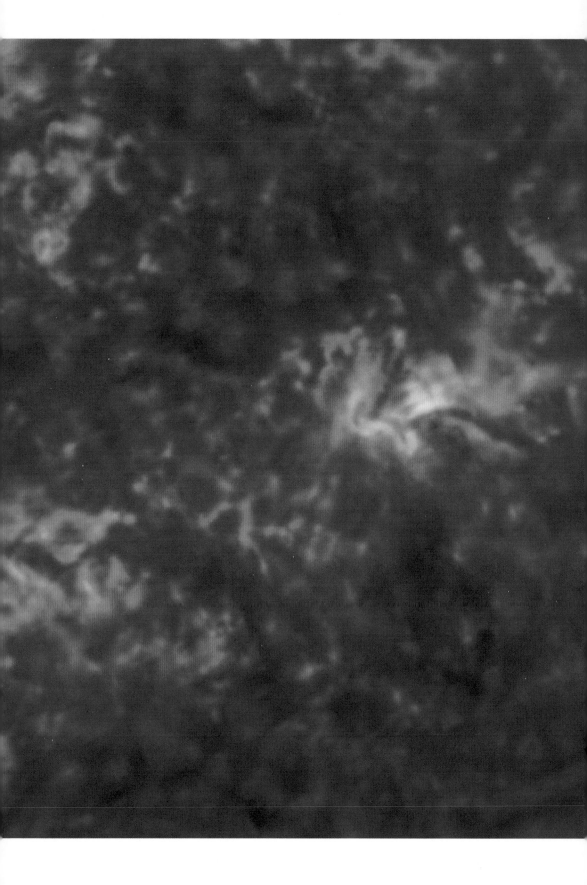

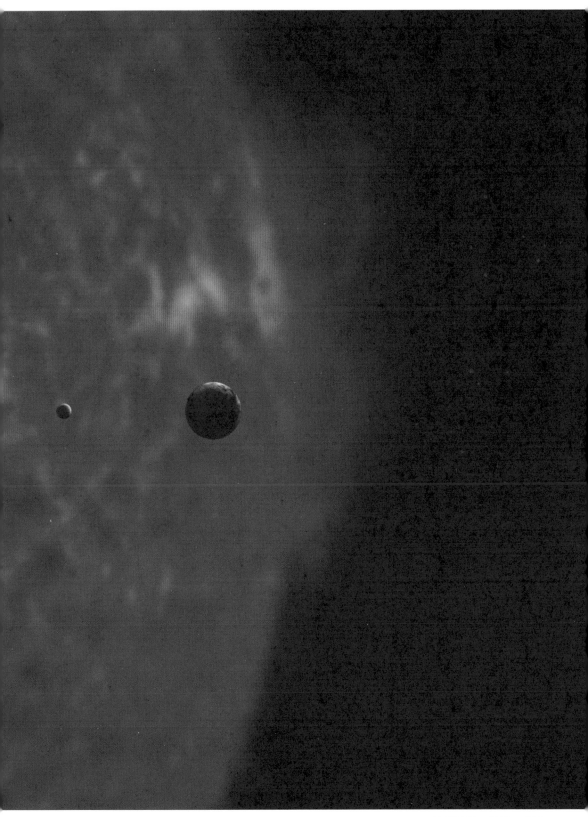

地月凌日　谭浩　制作

第3章

火星
探测

飞掠

火星探测起步于20世纪60年代，人类对生命起源等重大科学问题的关切，使火星一直是深空探测的热点，火星极区、土壤恒温层以及火星卫星等，迄今仍是重要的探测目标。

1960年10月，苏联率先向火星发射探测器，一连三次均未成功，直至1962年11月，才将探测器送往火星，但途中因通信中断导致任务失败。1964年11月，美国的首次火星探测也以失败告终，但同月发射的水手四号圆满完成使命，1965年，它成功地飞越火星，掠过火星的时候，与火星中心的最小距离是13200千米。探测器传回了22张照片（其中的一些几乎是空白，第11幅非常清楚，在图片中可以看到一个直径75英里的撞击坑），这些火星表面的图像让人类印象深刻。火星表面遍布着大量的坑状地形，人们发现火星更像月球，而不是地球，同时也证实火星表面大气压非常低。飞掠性的探测器最大的缺点就是观测期很短，不过几十分钟，探测器就已经掠过火星。

飞掠探测器是指近距离飞过目标时开展探测的航天器。由于探测时间短，探测距离远，探测范围有限，因此通常是对天体目标开展探测活动的一种初级方式。采用这种方式的主要原因在于探测器无法携带足够多的推进剂，因此无法进入目标天体的环绕轨道。

在月球和行星早期探测阶段，通常采用飞掠器进行探测，例如第一个月球探测器——苏联的月球一号，第一个冥王星探测器——NASA的新视野号等。为了在有限推进剂的情况下尽可能增加探测目标，也通常采用飞掠器，例如旅行者二号对木星、土星、天王星和海王星及其卫星进行了飞掠探测，中国的嫦娥二号完成月球环绕探测任务后，飞离环月轨道，对图塔蒂斯小行星开展了飞掠探测；还有在飞往任务目标过程中利用行星借力也可以开展飞掠探测，例如伽利略号木星探测器采用金星借力，在借力过程中对金星进行飞掠探测，最终

实现了环绕木星探测。

实现火星飞掠探测，需要把探测器加速到超过第二宇宙速度。

所谓宇宙速度就是从地球表面发射探测器，实现探测器环绕地球、脱离地球和飞出太阳系所需的最小速度，分别称为第一宇宙速度、第二宇宙速度、第三宇宙速度。

从地面发射航天器，使之能在无动力情况下环绕地球做圆周运动而不会落下，所需的最小速度叫第一宇宙速度，根据地球质量、半径等信息，可以计算出第一宇宙速度是7.9千米每秒。

第一宇宙速度实际上是假想地球没有大气层，探测器贴地环绕地球飞行的圆周轨道环绕速度。为了避开大气层，航天器需要在距离地球表面数百千米以上的高空运行，这时地球对航天器的引力比在地面时要小，所以飞行速度也会降低一些。

如果火箭的力量再大一些，从地面发射探测器，使之脱离地球的引力而不再回到地球，所需的最小发射速度称为第二宇宙速度，这个速度是11.2千米每秒，恰好是第一宇宙速度的1.414倍。

当发射速度略大于第二宇宙速度时，虽然发射的探测器逃离了地球引力范围，但仍受到太阳引力的作用，它将成为太阳系的人造行星。人类发射的火星探测器，就需要使探测器的速度大于第二宇宙速度。

如果火箭的力量再大些，在地面发射一个探测器，使之挣脱太阳引力的束缚，飞到太阳系外，必须使它的速度达到16.7千米每秒，这个速度称为第三宇宙速度。

需要注意的是，这三个具体数值其实都是针对地球而言的，如果是在火星表面发射火箭，速度数值就需要根据火星的情况重新计算了。在中学进行科普的时候，笔者曾经出过一道题目：一个星球的第一宇宙速度是3.6千米每秒，那么其第二宇宙速度是多少？结果应该是5.1千米每秒。出这道题目的目的就是希望大家不仅记住一些重要的数据，更要能够理解其后面蕴藏的道理。对任何星球而言，其第二宇宙速度与第一宇宙速度的比值都是相同的，恰好是2的算术平方根。

在一本著名的科幻小说中，设想光速被降低到16.7千米每秒以下，这样太阳系的信息就无法外传了。想法很有创意，不过这个具体数值值得商榷，因为这个第三宇宙速度是与地球关联的，并不是一个在太阳系普适的常数。

如果发射时的速度恰好是第二宇宙速度，那么这个探测器可以摆脱地球引力的束缚，然后呢？然后就和地球一样，成为绕太阳公转的行星，而且轨道也就在地球公转轨道的附近，围绕太阳以29.8千米每秒的速度运动。如果探测器发射的速度大于第二宇宙速度，除了摆脱地球的引力，还有剩余速度，探测器会飞往哪里呢？那要看剩余速度的方向与地球公转速度的方向是什么关系。

如果剩余速度与公转的速度方向相同，那么轨道的近日点在地球轨道附近，远日点比地球更远离太阳，比如天问一号探测器就是这样，它的远日点达到了火星轨道。

如果剩余速度与公转的速度方向相反，那么轨道远日点在地球轨道附近，近日点比地球更接近太阳，如果发射金星探测器，就要选择这样的轨道。

一个极端的例子，如果剩余速度恰好是29.8千米每秒，而且与公转的速度方向相反，会出现什么情况呢？探测器摆脱了地球的引力，而且相对太阳而言速度是0，它会停在那个位置不动吗？不会的，这个探测器在太阳的引力吸引下，会飞蛾扑火般地飞向太阳，然后……噢，太阳太热了，然后就没有然后了。

目前人类行星际探测的能力其实还很弱，远没有达到行星际往来任我行的水平，去其他行星探测时还需要利用行星绕太阳公转时形成的特定角度关系，也就是最节省能量的霍曼转移轨道。

以去火星为例，介绍霍曼转移轨道。探测器选择一条椭圆轨道去火星，去程是椭圆周长的一半，这个椭圆轨道的特点是近日点在地球轨道附近，远日点在火星轨道附近，要求探测器从地球出发，飞到火星轨道附近的时候，火星恰好也飞到那里。因为火星公转轨道周长更长，飞行的速度也比地球慢，所以需要选择火星公转角度在地球前面约44°时发射。天问一号飞往火星用时7个月，飞行了4.75亿千米后刚好与火星交会。

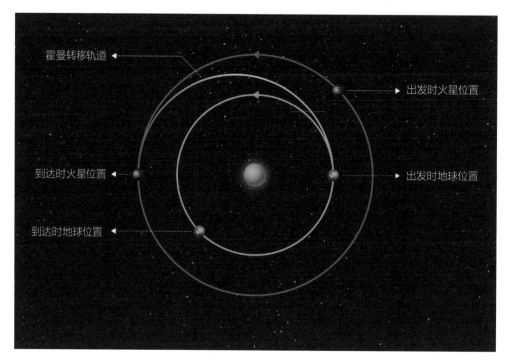

霍曼转移轨道

这样的发射时机每隔26个月出现一次，称为火星任务发射窗口。所谓的窗口，意思是有一定的宽度，宽度大约是20天时间，这20天里每天都有机会把探测器送往飞向火星的轨道，如果火箭有多余的力气，那么窗口的宽度还会再增加几天。

人类的探测器飞往火星，都需要在这样的窗口期发射，这就是2020年的夏天，3个国家发射火星探测器的时间都集中在7月下旬的原因。

除了关注速度的大小，还要关注速度的方向，只有脱离地球引力后剩余的速度方向和地球公转的速度方向一致，才能最大限度地节省能量。如果方向不一致，想要到达火星就需要更多的能量，甚至是现有火箭无法提供的能量。举个例子，剩余速度与地球公转速度方向正好相反，想去火星但是选择的是椭圆轨道的另一半，也就是说反方向飞去火星，剩余速度需要超过60千米每秒，对应的发射速度要超过61千米每秒（60的平方加上11.2的平方差不多等于61的平方）。这样的速度依靠现役运载火箭很难实现。

运载火箭发射的时候，方向也会有偏差。虽然出发时偏差很小，但是飞到火星那么远的距离时，偏差就会很大了。解决这个问题的办法就是要不断对探测器的飞行情况进行测量，发现偏差积累到一定程度了，就在途中修正掉。一般飞往火星的过程中，会安排4～5次中途修正。实际实施过程中有时候发现偏差太小，不用修正，最后的一次中途修正有可能取消。

飞掠探测这种形式缺点很明显，千辛万苦飞到了火星附近，由于没有足够的推进剂制动，探测器只能与火星擦肩而过，抓紧时间拍摄几张照片，开展有限的探测活动。早期选择这种方式是受限于当时的技术发展水平，当下这样的飞掠对火星探测而言已经意义不大，但是不排除以后飞往更远的探测目标时，到火星附近借力，改变探测器的速度或者方向，顺便对火星瞥一眼。

环绕

火星全貌的图像数据需要通过绕火星飞行，连续观测才能够获得，水手九号于1971年11月14日首次进入了环绕火星飞行的轨道，但是这时候，整个火星发生了罕见的尘暴，除了最高的几个山峰之外，其他地区都被尘暴所笼罩。尘暴结束之后，水手九号搭载的摄像机拍摄了大量分辨率为100米到几千米不等的图像。

环绕（探测）器也称为轨道探测器，到达目标天体后进入环绕轨道，类似于地球轨道的遥感卫星，可以对目标天体进行全球普查。环绕器在火星附近减速，才会被火星引力捕获，因此需要消耗推进剂以提供制动所需的速度改变。

为了尽可能增加探测区域范围，环绕器通常选择极轨轨道，因为选择赤道轨道只能探测赤道地区，没有机会观察南北极地区，如果是选择经过南北极的极轨轨道，每一圈只能看到一条窄带，但是长时间积累就可以覆盖全球。在探测的同时，环绕器还可以为火星表面的探测器与地球之间的通信提供中继链路，将图像和科学探测数据传输到地面需要比较大的天线，火星车上携带直径数米的天线不现实，所以通常的技术手段都是将数据传输给环绕器，再利用环绕器上的大天线传输到地面。

环火普查时，为了提高图像分辨率，并便于对火星表面图像进行拼接，希望环绕器飞行在距离火星表面比较近的环火圆轨道，例如轨道高度可以选择500千米左右。但是进入这样的环火圆轨道，要付出的推进剂代价比进入火星大椭圆轨道高，对应的速度变化略小于火星的第二宇宙速度与第一宇宙速度之差，并不是所有火星探测器都能够携带这么多燃料。

在大椭圆轨道上，探测器"近火"时距离火星表面比较近，适宜相机工作；"远火"时距离火星表面相当遥远，并不适合拍摄。比如天问一号"近火"时轨道高度是265千米，"远火"时距离火星表面1万千米，甚至几万千米。

探测器刚被火星捕获的时候，一般先进入远火点高度数万千米的大椭圆轨道，好处是这时候探测器近火速度很快，例如5千米每秒，远火时速度很慢，例如150米每秒。如果在远火点发动机工作，对火星的轨道面进行调整，比如把初期的接近赤道的小倾角轨道调整成后期探测所需要的极轨轨道，只需要几百米每秒的速度增量就可以实现。如果在近火点实现同样的目标，就需要7.5千米每秒的速度改变，目前的技术水平很难实现。

天问一号探测器被火星捕获后，先进入周期约10天的大椭圆轨道，并在远火点将轨道面调整成极轨，再多次在近火点减速，降低远火点高度，直到进入中继轨道（努力重复经过着陆区的上方），以及后期的环火使命轨道（努力在每圈拍摄不同的火星表面），其中就包含了上述道理。

工程师还有一种改变探测器轨道的方法，就是如果自身携带的推进剂不够，那就靠天吃饭，让探测器每次近火时都进入火星的大气层内，依靠大气阻力降低速度，逐渐降低远火点高度。这种大气辅助的变轨方法不需要使用推进剂，但是要选择好近火点的高度，太高空气稀薄，没有减速效果，太低会导致气动力太大，进入后可能就出不来了。天问一号环绕器完成火星全球遥感任务后，也可以考虑通过这样的减速方式，把环绕器的轨道调整为高度几百千米的圆轨道，不过这需要进入火星大气层很多次，耗费几个月时间。

着陆

为了更进一步地研究火星，多个国家曾经尝试在火星表面着陆。比如苏联就曾经多次发射着陆火星的探测器，但是并不顺利；美国的海盗一号和海盗二号探测器于1976年成功着陆火星，最早实现了在火星表面连续工作很长时间，拍摄了大量火星表面图像，确定了火星土壤的特性，不过海盗号上搭载的生物实验室并没有发现这个星球上存在生命的迹象。

着陆探测器有两种，分别是软着陆探测器和硬着陆探测器。硬着陆指的是探测器到了火星不减速，直接撞在火星表面；软着陆是指探测器先减速，再安全降落在火星表面。硬着陆探测器着陆后即坠毁，只能在着陆前开展很短时间的探测活动；软着陆探测器在着陆后可以继续工作，开展长时间原位探测，因此软着陆通常是对目标天体探测的一种高级方式。不过有时候为了给后续的探测器让出轨道空间，并扩展探测成果，受控硬着陆也是很多环绕器的最终"宿命"。

硬着陆探测器由于不需要减速，因此设计相对简单，同飞掠器类似，仅在轨道设计上有差别。硬着陆探测器的转移轨道到达火星时与火星运行轨道相交，而飞掠探测器的轨道到达火星时还要保持安全距离。当年苏联的月球一号实现了人类首次月球飞掠，月球二号则完成了首次月球硬着陆，两个探测器设计上完全相同，仅轨道不同。

软着陆最重要的任务就是要把着陆器的速度降下来，使其安全落到星体表

面。对于像月球这样不存在大气层或者大气层极为稀薄的天体，着陆器采用发动机反推方式实现减速；对于像火星这样有大气的天体，着陆器通常安装在进入器内部，通过进入器实现气动减速和降落伞减速后，再通过反推发动机继续减速，最后安全地软着陆在目标星体表面。

软着陆器同飞掠探测器和环绕探测器相比变化较大，主要差异在于其需要具备减速制动、下降过程的自主制导与导航控制、着陆缓冲以及在星体表面生存的能力。软着陆器携带的设备包括紫外探测器、可见光谱段探测器、红外谱段探测器，还有发出粒子激发出 X 射线的设备等，针对有大气层的天体还会包括气象测量设备。由于软着陆探测器可以实现原位探测，因此可以获得更为直接、丰富的科学成果。例如中国的嫦娥三号软着陆于月球表面，美国的凤凰号软着陆于火星表面，苏联的金星七号软着陆在金星表面，欧洲的菲莱号软着陆在彗星表面等。

凤凰号着陆探测器

着陆火星的任务还有一项重要的设计工作是着陆区的选择，这与探测器的设计密切相关，需要在设计之初就确定下来。需要考虑的因素包括以下几点。

①在选择着陆区时，光照是非常重要的因素。它与下降过程中光学敏感仪器的性能、着陆区障碍的发现，以及在火星表面工作时的能源供给等密不可分，光照充足，探测器就可以干更多的工作。

②受自转轴倾角的影响，火星低纬度地区光照更充足且温度较高，对探测器的温度保证有利。着陆区选在北回归线附近，意味着夏季中午阳光垂直照射，日照时间长，能源充沛，但是到了冬季，中午太阳高度角小，不利于火星车冬季持续工作。着陆区选在赤道附近，有利于探测器在春秋两季获得能源，冬夏时则有所减少，是一个更顾及探测器长期工作的选择。

③着陆点的海拔高度决定了探测器着陆时减速的有效高度。火星着陆这类需要利用大气减速，而且减速需求大的情况，一般选择高程更低的地点，就会有更长的距离用来减速，有利于安全着陆。大气层顶高度是125千米，选择在海拔-3千米的地方着陆，意味着减速路径大气高度变成了128千米，更有利于充分利用大气减速。

④着陆过程中如果遇上大风等较强的环境干扰，也可能会导致探测器运动轨迹偏离。这些干扰的大小无法提前预知，对探测器的安全着陆构成威胁。因此需要避开沙尘暴等极端天气着陆。在着陆控制方法上，也要想办法提高探测器的抗干扰能力。

⑤表面环境因素主要包括岩石尺寸、坡度大小、表面粗糙度、雷达反射率、表面承重能力等，对表面环境的具体约束取决于着陆方式（气囊还是发动机），以及火星车的越障能力等。

⑥除了这些工程上的考虑之外，科学价值的考量是另一个重要的方面。科学家希望着陆在科学新发现可能性大的地方，所以各国选择着陆点的时候都会避开以前其他任务的着陆区域。

巡视

美国的第一辆火星车质量为11.5千克，工作了将近3个月，为后续美国火星巡视探测任务打下了良好的基础。2003年，两个状态相同的火星车——勇气号和机遇号，被送往火星，每个质量185千克，主要用来对火星表面的土壤和岩石样本进行详细分析。

巡视探测器指在星体表面进行移动巡视的探测器，根据执行任务的目标天体不同，巡视器也常被称为月球车、火星车等。尽管巡视器同着陆器一样需要最终减速至天体表面，但由于其主要功能是在星体表面移动，因此通常不具备自行着陆到星球表面的能力，由进入器、着陆器实现着陆过程，将巡视器运送至星体表面，再同着陆器或着陆平台分离，独立完成科学探测任务。巡视器的探测比着陆器具有更高的灵活性，可以在更大的范围选择探测目标，扩大探测活动成果。

巡视器完全不同于常规的卫星，更像是地面上的移动机器人。由于巡视器通常是由着陆器运送至星体表面，因此巡视器没有一般卫星变轨和调姿使用的控制与推进系统，而增加了移动等系统。

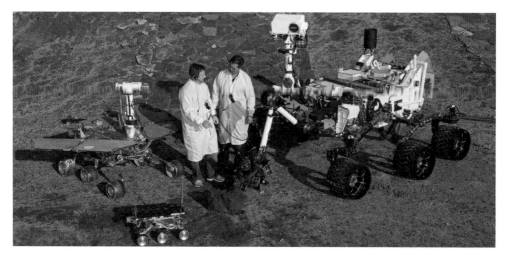

美国的火星车

需要特别说明的是，火星巡视探测过程是典型的天地协同过程，任务执行模式是以一定的周期来开展的。任务开始时发送的命令序列基于上一次传回的图像和数据，由地面遥操作科学家和工程师小组协作确定；活动结束后，火星车将获得的图像和数据传回地面，用于制定下一阶段的工作指令。相比于其他探测形式，巡视探测具有较大的不确定性，需要根据环境场景的实际情况确定具体探测目标，无法提前规定。巡视器所携带的载荷同着陆器类似，但质量、体积、功耗等资源约束更为严格。

采样返回

实现把火星的土壤、岩石样品运回地球实验室，利用各种先进的仪器进行充分的研究，无疑是火星无人探测活动的重要目标，但是到目前为止，还处于各国筹划、准备的阶段，没有取得成功。俄罗斯曾经发射火星探测器，计划实施火星卫星的样品采样并返回，但是在发射阶段就出现问题，没有成功。

要完成火星样品采样返回，在已有的技术基础上，还需要解决火星表面起飞、火星轨道样品容器转移，以及从火星返回并再入地球等技术难题。

在火星表面起飞，火箭需要适应火星表面的低温环境，而且在火星表面也不可能实现在地面对火箭进行的精心维护，甚至发射平台都是倾斜的。一般会选择二级火箭，第一级燃烧完之后就会被抛掉，第二级继续工作，直到把样品送入环绕火星飞行的轨道。固体推进剂火箭维护相对简单，环境适应能力强，通常会成为飞离火面的首选动力。

在火星的轨道，样品容器升空后需要被环绕器发现，利用手爪、飞网等方式将其捕获，再把样品容器放置在返回舱内。这个过程很复杂，而且无法依靠

地面操控实现，需要探测器具备很强的处理复杂问题的能力，根据现场情况，迅速做出正确的选择。

装有样品容器的返回探测器与地球返回式卫星有点类似，但从地球轨道返回的再入速度为第一宇宙速度，而从火星返回的再入速度高于第二宇宙速度，会面临更加严苛的气动过载和气动加热的问题。可以采用半弹道跳跃式再入方式，即返回器以较小再入角进入大气层，依靠升力再次冲出大气层，做一段弹道式飞行后第二次再入大气层，这样可以减少过载，并提高落点精度。

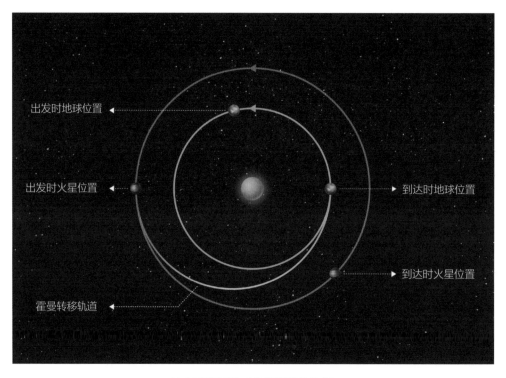

从火星返回地球的霍曼转移轨道

其他探测形式

　　未来的火星探测任务中，探测形式将更趋多样化，主要探测形式和附属探测形式都将进一步发展、深化。

　　环绕探测仍将是主要探测形式之一，包括火星重力场、磁场、表面地形地貌等目标的全局精细探测。同时作为火星表面探测器的通信中继，甚至可能发展成为地球之外的又一通信网络。与地球同步轨道卫星类似，火星同步轨道对保持通信链路而言，具有使用价值。日火系统的拉格朗日点是否在通信方面具有优势，以及激光通信的技术优势，也值得研究。

　　硬着陆探测产出少，通常不会采用，但存在利用硬着陆的能量或其他方式产生机械波，服务火星内部结构探测的可能。

　　软着陆探测可以对火星表面进行多种探测手段的全面深入探测，也是火星探测的主要形式之一。未来的发展方向包括极区探测、感兴趣地区的高精度着陆探测等。

　　取样返回将使人类对火星的认识提高到一个新的高度，具有里程碑意义，包括火星取样返回、火星卫星取样返回等，多个国家正在规划这类探测任务。

　　载人火星探测更是火星探测皇冠上的明珠，具有划时代意义，但是其巨大的技术挑战和极高的经费需求，使其备受争议。

　　在主要探测形式之外，还可以有浮空气球、火星飞机等附属探测形式作为补充。

　　①浮空气球。利用火星大气浮力悬空，携带小型探测装置在大气层内长距离飞行。已经开展研究的火星浮空气球主要包括零压气球和超压气球两种。零压气球内的压强与火星大气压强基本相同，设计简单，对气球气囊材料的要求不高，缺点是由于白天和夜间太阳辐射的差别，气球不能保持在同一高度。超压气球中气体压强在白天会升高，要求气囊承受一定的压力，气

囊材料选择与结构设计有一定的难度，优点是可以始终保持在特定的高度进行探测。

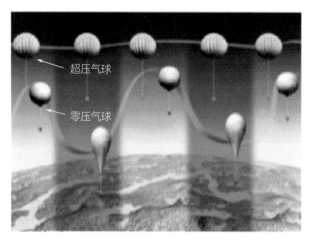

火星气球

火星气球的技术难点主要体现在研制轻质耐压的气球材料，气球要易于收纳和释放展开；目前还无法实现对气球的飞行方向进行有效控制，不利于对指定目标的观测，仅适于普查性质的环境探测。

②火星飞机。在接近火星表面的火星大气中以相对较低的速度飞行，兼顾了较大的探测范围和局部区域深入探测的需求，是一种很有发展前途的探测形式。火星飞机（飞行器）主要包括固定翼、扑翼、旋翼等形式，其工作原理与地球中低空飞行器相似。

固定翼火星飞机是指其机翼构形相对机身固定不动的飞行器。从气动原理上讲，其升力主要由固定翼的上下气动压力差产生。根据固定翼飞行器续航能力的要求，分为有动力和无动力两种类型。

固定翼火星滑翔机

扑翼飞行器类似地球上的昆虫，利用飞行时涡流增生能力产生高升力，扑翼有更强的前缘涡并延迟脱落。

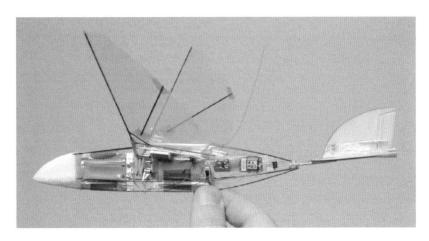

扑翼型火星飞机

　　旋翼飞行器依靠旋翼转动提供所需的升力和飞行前进力，可以实现在火星表面悬停、低速移动、反复起降。美国毅力号火星车上搭载的小型共轴双旋翼飞行器，质量约1.8千克，旋翼采用了高强度复合材料，跨度约1.2米，采用上下布置共轴系统。为提高升力，旋翼设计转速达到2400转每分钟，最大上升高度约20米，最大速度为10米每秒，飞行距离最远为704米。

机智号火星直升机（旋翼型火星飞行器）

③钻探。进入火星地下1米后，温度波动就会变小，土壤还可以帮助抵抗辐射的影响，因此通过钻探可以获得土壤地下分层信息，分析土壤、岩石中水分含量，这些都具有重要的探测价值，还可以了解火星土壤层沉积的历史，甚至探讨未来建设火星半地下城堡的可能性。通过钻探取样，可以获得更具代表性的土壤样品，但是需要解决废热排散、样品原位状态保存等技术问题。

④风滚草。将小型探测仪器置于轻质膨松结构内部，利用风能实现火星表面的不可控移动探测，作为移动探测形式的一种低代价补充。这种结构类似于地面植物干枯形成的干草球，重量轻，迎风面积大，利用火星表面出现的风沙天气，依靠风力推动探测器移动。要求探测器重量轻，功耗低，有电的时候工作，没有电的时候就进入休眠状态。

地球上的风滚草

⑤火星蛇。属于子母型探测器的一种，可用于复杂地形探测。当遇到火星车无法驶入的情况时，释放蛇形探测器，蜿蜒运动，完成探测任务。还可以通过多次的往复运动，实现蛇形探测器钻入土壤深处进行探测。特殊情况下蛇形探测器还可以成为锚点，用于抢救沉陷的火星车。

⑥火星蛙。受火星表面太阳能不足的限制，设计动力蓄能装置，通过缓慢蓄能，积累到一定程度后快速释放的过程，实现探测地点的转移，是移动探测形式的一种补充。

⑦生物舱。火星是人类行星际移民的最可能目标，地球化改造涉及提高大气密度、提高火星表面温度、氧气生物学制造、建筑材料原位生产等，都是重大工程难题。利用火星大气中的二氧化碳、光能，以及剩余推进剂燃烧产生的少量水，探讨氧气生物方式生产的可能性等，可能被列入未来火星探测的任务规划中。

⑧推进剂原位生产。利用二氧化碳、水等火星本地资源，在火星表面生产从火星返回所需要的火箭发动机化学推进剂，包括一氧化碳/氧、甲烷/氧等多种选择，是探测发展到火星工厂阶段的重要任务，在不久的将来进行原理性验证是颇具吸引力的目标。

设计祝融号的过程中，也曾经想过释放气球，用来观察远方的地形情况；或者类似倒车雷达，为火星车加装声音避障传感器；再或者使用直升机探测远方；等等。这些想法最终没有实现，有各种原因：有的是因为技术还不成熟，对应的关键部件没有办法解决；有的是因为资源消费太大，所需要的重量或者功率很难提供；还有的是因为担心安全性，出问题后反而影响主任务的执行。不过没有关系，在未来的探测任务中，一定会有更多的奇思妙想得以实现，也许其中就有你的建议和贡献。如果你有新的想法，一定要告诉火星探测器的设计师，请他们帮你在火星实现。

第4章

天问一号火星探测任务

五大系统

　　火星和地球几乎同时形成，但是现在它们的面貌却相差巨大，地球上出现了生命，火星的表面是一片荒原。那么，火星过去有没有过形成生命的条件？如果有一天，人类走出地球这个摇篮，火星是否能够成为我们的第二家园？人类有没有能力把火星改造成适合居住的新家园？青少年朋友们有很多类似这样的问题，这同样也是科学家和工程师正在努力探究的谜团。天问一号火星探测任务使我们国家成为火星探测俱乐部的新成员，未来，中国人的深空探测事业会走得更远。

　　对地外天体进行探索，人类一般都会遵循由近及远、由易到难的发展路线。比如对火星进行探测，通常要经过飞跃、硬着陆、环绕、软着陆、巡视，然后再完成取样返回这样的步骤。中国的天问一号首次火星探测任务却把环绕、软着陆以及巡视结合起来，这样的火星探测形式是国际上的首次。为什么这么做呢？大致有下面几个原因：第一点就是前期的月球探测的相关技术成果，可以应用在火星探测中，使我们国家的工程设计人员有信心挑战难度系数更大的任务；第二点就是火星的发射窗口每隔26个月才有一次，为了珍惜去往火星的发射窗口，努力地想在一次任务里面尽可能地扩大探测的成果；第三点，就是能够节省经费，节约开支。

　　实施一项航天工程活动，需要若干系统天地协同完成。深空探测工程的组成部分包括：探测器系统、运载火箭系统、发射场系统、测控系统、地面应用系统、回收系统等。探测器系统是实现探测活动的直接主体，在工程实施中起着主导作用。

　　探测器系统主要负责深空探测器的研制；运载火箭系统主要负责运载火箭的研制；发射场系统主要负责组织指挥火箭的组装、测试、加注及发射，同时负责提供探测器的组装、测试和发射保障，火箭发射后的跟踪测量和控制；测

控系统主要负责火箭及探测器的轨道测量、图像及遥测监视、遥控操作、数据注入、飞行控制等；地面应用系统负责数据接收、运行管理、数据预处理、数据管理、科学应用、地外天体样品的地面处理与存储等；回收系统主要负责返回器再入轨迹的捕获、跟踪和测量，搜索并回收返回器等。我国首次火星探测任务不涉及回收系统，所以共由五大系统组成。

国际上已经实施的火星探测任务，通常或者是利用环绕器进行火星遥感探测；或者是将遥感与着陆任务结合，一次实现"绕"和"落"；或者是单独发射火星车，实现巡视探测。我国首次火星探测任务，一次发射，实现"绕""落""巡"，任务形式比较复杂。也就是说，我国这次火星探测任务没有简单重复其他国家火星探测的老路，一次性完成"绕""落""巡"，这可以简单理解成两步并作一步走，首次任务就挑战高难度动作，起点设置很高。

这样做的好处是：环绕器开展全球普查，火星车对重点地区详查，两个结果可以相互比对、相互验证，点面结合；在进入火星大气之前，环绕器已经帮助进入舱完成了一次减速，与从行星际地火转移轨道直接进入火星大气相比，降低进入速度，减少进入风险；火星车的探测数据可以通过环绕器中继传输到地球，地面的指令也可以先发送至环绕器，再转到火星车上，这样就不需要在火星车上配置米级口径的大天线了，大幅度降低了火星车设计的复杂性。

当然，这样做也是有风险的：任务形式的复杂性，导致对两个探测器的可靠性要求都很高，没有环绕器的支持，火星车在火星表面的工作将变得十分困难；进入火星之前，环绕器将进行降轨，瞄准进入火星大气层的方向之后释放进入舱，接着必须马上完成升轨控制，避免环绕器也进入火星大气层，一系列轨道控制动作时效性要求很高；环绕器的工作安排，既要考虑环火遥感的需要，又要考虑为火星车提供数据中继的需要，任务规划变得更复杂。

总体上看，这样的探测方式有创新，也有难度，体现了我国航天技术的发展水平，以及航天工程技术人员的自信，当然这种自信是建立在月球探测取得的丰硕技术成果基础上的。

探测器

深空探测器指的是进入地球之外其他天体的引力范围，对其他天体进行探测的航天器。其中，着陆到其他天体表面的称为着陆器，进入其他天体大气层进行探测的称为进入器，在天体表面移动探测的称为星球车，从星球表面起飞进入轨道的称为上升器，携带样品返回地球的称为返回器，而围绕天体运行的则称为环绕器。

探测器一般由有效载荷和平台两部分组成，有效载荷是直接完成探测任务的核心，平台是有效载荷工作的支持系统。探测器由运载火箭送入空间，在轨道上运行，在空间环境中工作，因此探测器平台应具有尽可能小的体积、轻的质量，并能适应运载发射过程中的振动、冲击、噪声、过载、气压变化等环境；能够适应空间电磁辐射、热辐射、高能粒子、真空等严酷的空间环境，并为载荷提供适合其正常工作所需要的工作环境。

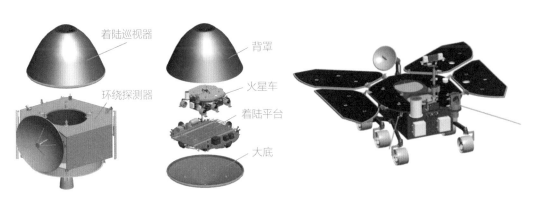

天问一号探测器

天问一号探测器分为上下两层。下层叫作环绕探测器，只在火星的轨道上飞，不会落到火星的表面上去；像飞碟一样的上层才会真正进入火星的大气层，然后着陆在火星的表面上。在降落的过程中，探测器下方呈弧形的大底和

上方的背罩都被抛掉了，到了火星表面，真正稳稳落下来的就是中间的着陆平台和火星车。

深空探测器与人造卫星相比，都包括结构和机构、热控、电源、GNC（制导、导航与控制）、测控、数据管理等分系统，为了实现各种复杂的探测与采样任务，深空探测器还要配置着陆缓冲、移动、采样等人造卫星不需要的分系统。

结构的功能是承载仪器及设备，有点像人体的骨架，保证探测器在整个生命周期内均具有足够的强度和刚度，还要设计与运载火箭的连接接口。机构是航天器上的可动装置，相当于人的手臂和腿脚，常见的如太阳翼展开机构、天线驱动机构等。

热控的任务是保证仪器设备在轨运行时处于合适的工作温度范围，可以采用主动、被动等多种方式。给探测器穿上一件棉袄算是被动方式，如果温度低了就进行加热，算是主动方式。

电源负责为探测器提供电能，广泛采用太阳电池阵和蓄电池联合供电的方式。阳光普照时太阳电池阵发电，供探测器使用，多余的充入蓄电池中；到了阳光消失的时候，依靠蓄电池供电，保障探测器的生存。

GNC分系统主要用于保持或改变航天器运行中的姿态和轨道。姿态控制是控制探测器整体绕其质心的转动，轨道控制则是控制在轨探测器质心处于预定的轨道上。

测控的任务是实现探测器与地面间的信息交互，还有探测器之间的信息交互，有点类似人的耳朵和嘴的功能。只有测控系统正常工作，探测器才能及时收到地面工程师发出的命令，同时把探测器的健康状态和探测成果发送回地面。

数据管理是航天器的信息中枢，有点像人的大脑，地面发送的指令由大脑进行处理，变成下一阶段的工作任务。比如对周围环境进行拍摄，控制火星车移动到感兴趣的目标点，开展探测活动，对数据进行处理并发送给地面也是数据管理分系统的职能。

那些深空探测器特有的组成部分，后面会详细介绍。

天问一号在发射场完成准备工作

运载火箭

　　运载火箭是将人造地球卫星、载人飞船、空间站或深空探测器等航天器送入预定轨道的航天运载工具。火箭的推力由火箭发动机产生，在发动机中将能量转化成工作物质(简称工质)的动能，形成高速的工质射流从发动机喷口喷出，根据反作用原理，工质施加给发动机一个反作用力，这个反作用力就是推动火箭向前运动的推力。火箭的飞行不需要外部介质，不依赖外界空气，而是利用火箭自身携带的能源和工质，因此可以在真空中工作。

　　实现航天飞行的重要条件之一，是必须具有足够大的动力，使飞行器的速度达到一定值，它才能实现飞向太空。如果要发射人造地球卫星，必须达到第

一宇宙速度（7.9千米每秒）；如果发射行星际探测器，必须达到第二宇宙速度（11.2千米每秒）；如果要脱离太阳系引力场，必须超过第三宇宙速度（16.7千米每秒）。

当前技术水平下，能够实现这么高的速度，把航天器送入轨道的只有火箭发动机。100多年前，航天之父齐奥尔科夫斯基提出了著名的公式。

设$\frac{M_1}{M_2}$为火箭起飞时与燃烧终了时的质量比，v为燃烧终了时火箭所具有的速度，C为有效喷气速度，那么

$$v=C\ln\frac{M_1}{M_2}$$

可以看出，在不考虑其他因素的情况下，火箭的最终速度v与火箭的喷气速度C以及火箭质量比$\frac{M_1}{M_2}$的对数成正比。即在一定的推进剂质量之下，火箭本身的质量越小越好，喷气的速度越高越好，以获得更高的火箭飞行最终速度v。

利用目前常用的化学推进剂，所能够获得的最大喷气速度一般在2.5～3千米每秒，考虑火箭结构以及发动机的质量，火箭最初质量与最终质量比不可能大于10，代入齐奥尔科夫斯基公式算出的火箭最终速度不超过7千米每秒，再考虑空气的阻力损失等因素，仅靠单级火箭不能够进行航天飞行，比较现实的方法就是采用多级运载火箭。

多级运载火箭的每一级是一个独立的工作单元，其内装有推进剂、发动机以及必需的控制系统。当第一级火箭发动机开始工作时，整个火箭便起飞了；第一级火箭在推进剂燃烧完以后，自动脱离；同时，第二级火箭发动机自动点火开始工作，在第一级加速的基础上使火箭进一步加速；以此类推，多级火箭最终产生的速度为各级火箭产生的速度之和。

长征五号火箭是2.5级火箭，意思是带有助推器的两级火箭。这枚液体火箭全长57米，起飞质量870吨，使用的推进剂是液氧、液氢，以及液氧、煤油。一种运载火箭可以服务多种发射任务，比如长征五号火箭既可以搭载地球轨道航天器，也可以搭载月球探测器，还可以搭载火星探测器，但是不同的轨道对应的速度要求不同，导致可以发射的航天器最大质量也会不同。长征五号火箭发射地球卫星的能力可以达到25吨，可发射火星探测器的能力是5吨。

执行天问一号发射任务时，连续14天都可以发射，但是每天火箭发射窗口宽度一般只有10分钟，如果在这个窗口没有发出去，就需要紧急修改参数了。如果半小时都没有发出去，那就需要等下一天了。当时正是台风多发季节，发射前大家密切关注文昌最近几天是什么天气，会不会因为风大不能发射？会不会有台风光临，影响发射？还好，实际情况是天公作美，发射当天天气晴好，没有不利于发射的天气因素。

长征五号火箭比以往的火箭推力更大，它使我们国家拥有了更强的进入太空的能力，许多更重、更远的活，都需要它完成。发射的时候，正是夏季，文昌海滩一片热带风光，午后正是温度最高的时候，如果以后有机会在这样的季节去现场观看发射，一定要注意防晒，遮阳伞、墨镜、防晒霜、小椅子、照相机、望远镜都是必备品。如果找一个高高的阳台，面向发射方向躺在藤椅上，一边吃着冰棒，一边等待发射，当然会更惬意。

发射伊始，大家能够听到各测控站报告测量结果的声音，等到火箭飞远了，地面测控站够不到了，就需要利用出海的远望号测控船持续监测，保证火箭和探测器的最新情况都能及时传回。

长征五号火箭

测控系统

测控系统是指利用无线电测控技术、光学观测手段对运载火箭、航天器进行跟踪、测量、监视、指挥和控制的综合系统，包括指挥控制中心、测控站（船）等。

指挥控制中心是测控任务实施的中枢机构，一方面汇总来自各方的航天器遥测数据、跟踪测量信息等，并进行相关的数据分析处理，完成轨道测量、遥测数据分析等任务；另一方面还要做出任务决策，统筹调度各测控站、船，实施指令发送任务。

地面测控站是探测器与地面进行数据交换的最前沿，测控站通过各类测控设备直接测量航天器的运动状态，接收各类遥测信息，并向航天器发送遥控指令。航天测控船是对航天器及运载火箭实施测控任务的专用船舶，可以根据测控对象的飞行轨道和测控要求提前布置在指定的海域，在指挥控制中心的统一组织下，完成测控通信任务。一般只有在地面测控站无法满足测控时长需求时，才需要派出航天测控船。在火星探测任务实施过程中，只在发射阶段在太平洋布置了多艘远望号测控船，后续飞行阶段，以及火星探测阶段只使用地面测控站完成测控任务。

与一般航天任务相比，火星探测任务中测控系统的特点首先体现在大天线，为了接收到来自

佳木斯测控天线

遥远火星的探测器微弱的信号，还要保证探测器能够收到地面发去的控制指令，地面必须把"喇叭"音量提高，还要把"耳朵"做大。佳木斯地面站采取的方法是做个更大的天线，天线直径达到了66米，喀什地面站采用的手段是用4个直径约35米的天线一起听，除此之外还有在南美洲建设的直径35米的天线，这样就组成了一个深空网，尽可能连续接收来自火星探测器的信息。

发射场

发射场是专门供运载火箭发射航天器的场所，支持航天器和运载火箭发射前的各项技术准备工作，执行运载火箭的发射操作。发射场由技术区、发射区、测控站和指挥控制中心组成，此外还有气象、勤务和生活保障等部门。运载火箭和航天器先在技术区进行装配、检测，发射前将运载火箭和航天器运输至发射区，进行火箭发动机推进剂加注并实施发射。

从低纬度发射场发射地球静止轨道卫星，可以节省改变倾角所需的燃料，有很大的优越性。因此许多国家都将发射场建在纬度尽可能低的地区。在赤道上发射顺行轨道航天器，当轨道倾角为0°时，可以利用的地球自转速度达465米每秒，占7.9千米每秒环绕速度的5％以上，有利于提高火箭的发射能力。随着发射场纬度的增高，可利用的地球自转速度逐渐减少，在纬度60°时将减少一半。

我国在酒泉、西昌、太原建设有发射场，服务不同类型的航天器发射。海南文昌发射场是新建的第四个发射场，除了低纬度优势外，还有利于大型火箭海上运输，这是其他发射场不具备的优势。长征五号火箭由于体型庞大，无法陆路运输，只能在海南文昌发射场发射。海南把火箭发射作为旅游项目进行推广，每次发射都会有数以万计的游客一起体验火箭直冲云霄带来的轰鸣。

天问一号从文昌发射场出征

地面应用系统

地面应用系统是指航天器的用户系统。通常的应用卫星，如遥感卫星、导航卫星、通信卫星的工程大系统中，都会有具备地面应用能力的系统。载人航天器、空间科学和技术试验类卫星虽然不属于应用类航天器，但对科学数据和技术试验数据的研究也可以认为是一种数据应用，也会在其航天器工程系统中建设具备运控和应用能力的系统。

在天问一号火星探测任务中，地面应用系统的科学家会提出探测计划，比如安

国家天文台武清站

排探测器载荷何时开机，希望对火星车行驶路线上的哪个目标进行详细探测等。为了接收探测器从火星发来的宝贵的科学数据，地面应用系统也建设了多个大天线，比如在武清配备的直径70米的"大耳朵"，不过由于科学数据下传时机选择更加灵活，没有特别强的实时性要求，地面应用系统就不需要在国外建设大天线了，而且也不会用这些天线发送控制探测器的指令。

天问一号光临火星

中国首次火星探测任务就是在五大系统的配合下，一次性实现火星环绕、着陆和巡视探测。

在工程研制阶段中，探测器的研制是主线，一般分成三个阶段。第一个阶段是设计出火星探测器的方案，梳理出要解决的关键技术难关，并一一攻克。第二个阶段是研制工程模型，一般会有几个不同用处的模型，结构器用于检查各阶段在力学载荷作用下的探测器是否安全，热控器检查整个任务周期内设备是否都处于合理的工作温度范围内，电性器则要详细测试探测器的功能和性能，有的时候为了节省成本，会将两个模型合并成一个，这个阶段工作量很大，要不断发现各种问题，不断完善，改进设计。第三个阶段就是生产真正送往火星的探测器了，对所有设计细节进行测试确认，这个阶段安全性很重要，千万不能由于人为原因损坏探测器，一旦错失发射窗口，就需要等上26个月才有再次出发的机会。

运载火箭系统也需要针对火星任务开展设计，飞往火星的轨道与其他航天器不同，需要考虑向哪个方向发射才能保证飞往火星的探测器速度最大，还要选择运载火箭工作结束后残骸的落点，落点不能在人口稠密的地区。发射场也需要了解火星探测任务的特殊要求，比如任务希望火箭零窗口发射，这样就可以节省探测器消除偏差所需要的燃料，后面探测器就可以做更多的事情。测控系统要提前准备好各种计算软件，调试测控站的性能以达到最好的程度，仔细检查探测器工作时地面要发送的指令。地面应用系统的科学家认真调试接收设备，分析科学仪器的测试数据，等到探测器发送回信息，争取尽快判断出这些信息的含义。

所有的工作都准备好了，探测器和运载火箭先后抵达海南文昌发射场，这时候发射场系统是主角，各项活动按照发射场的统一安排，有序完成。天问一号于2020年7月23日在文昌航天发射场由长征五号遥四运载火箭发射升空，成功进入预定轨道，器箭分离，环绕器太阳翼展开，开始为探测器供电，这标志着发射阶段的任务完成，运载火箭系统和发射场系统的工作结束了。

探测器在测控系统支持下，开始7个月的奔火之旅。2020年7月27日，天问一号探测器在飞离地球约120万千米处回望地球，利用光学导航敏感器对地球、月球成像，获取了地月合影。在这幅黑白合影照片中，地球与月球一大一小，呈现着相同的盈亏，在空旷的宇宙中深情守望。

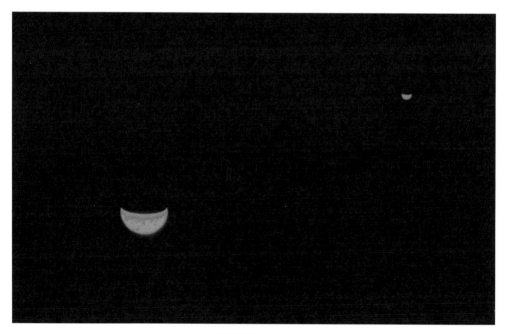

地月守望

图说火星探测的科学

途中探测器经过四次中途修正和一次深空机动。探测器飞行过程中各种干扰力逐渐显现出来，实际飞行的轨迹与理论值出现偏差，偏差积累到一定程度之后，需要及时修正掉，因为更晚修正付出的燃料代价会更多。天问一号在飞行过程中进行了四次中途修正，工程师们还借机对环绕器的发动机性能进行了确认。深空机动则是轨道设计中安排好的一次飞行方向调整，好处是节省燃料，同时降低运载火箭在发射窗口内不同的日期出发引起的发射方向调整方面的压力。

　　2021年2月10日，除夕前夜，天问一号探测器在火星附近制动，进入大椭圆轨道，成为火星的卫星。2021年2月15日，在远火点实施捕获轨道远火点平面机动，3000牛顿发动机点火工作，将轨道面竖起来，调整为经过火星两极的环火轨道，并将近火点高度调整至约265千米。

　　2021年2月24日，探测器再次近火制动，进入近火点280千米、远火点5.9万千米、周期2个火星日的火星停泊轨道。在这个轨道上，探测器工作近3个月，对着陆区进行确认。

火星，我们来了

2021年5月15日7时18分，天问一号着陆巡视器成功着陆于火星乌托邦平原南部预选着陆区。火星车展开太阳翼，利用定向天线向地面发送健康状态信息，一切正常。随后，环绕器进入周期为8.2小时的中继通信轨道，这个轨道的特点是每个火星日环绕火星飞三圈，其中一圈过近火点的时候恰好在火星车的上方，有利于与火星车传输数据，而且特意选择在中午，那时温度适宜，是火星车最适合工作的时段。

5月22日，对火星车研制团队来说是个重要的日子，通过传回的图片确认火星车抵达火星表面，后续进入火星表面巡视探测阶段。在随后的3个月里，火星车行驶了约1千米。

火星车在火星表面典型的工作流程是这样的：火星车对周围地形进行拍照，经过环绕器传输到地面，测控系统接收到数据后进行处理，恢复成图像；地面应用系统的科学家提出探测计划，探测器系统和测控系统的工程师从安全性的角度确认是否可以实施，确定行驶路径；最后再由测控系统工程师编制山控制火星车的系列指令。火星车移动时，既有按照地面指令前进这种控制方式，也可以根据地面指定的目标位置，火星车自己决定如何移动。

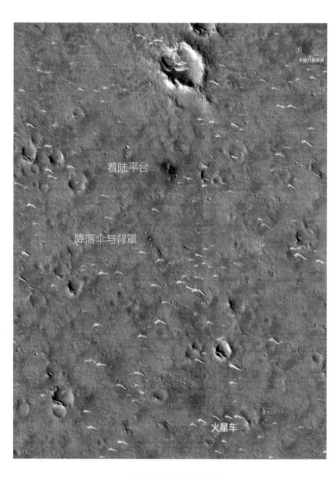

火星表面的中国印迹

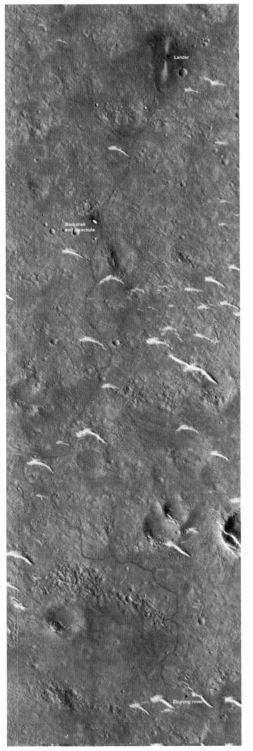

2021年9月下旬开始，环绕器和火星车都进入日凌阶段。这时候火星、地球分别处于太阳的两侧，太阳的强大能量导致探测器无法收到地面的指令，也无法将探测数据传回地球。

日凌之后，环绕器进入遥感使命轨道，开始对火星的不同区域成像，服务火星车的数据中继就没有那么及时了，火星车由每天前进20米左右，改为2天走20米，有时候还要更短一些。火星车继续一路向南，这是因为科学家分析南方远处有泥火山等他们感兴趣的目标，他们更怀疑前方是过去陆地与海洋的分界线，希望祝融号从海底爬到岸上去，有更多的发现。

2022年5月18日，祝融号行驶了1921米，这时火星的北半球已经进入冬季，沙尘也变得越来越严重，火星车的能源不足以支持其继续工作了，只能转为休眠状态。环绕器依旧在轨道上工作，努力完成着火星全球成像等环绕探测任务。

祝融号印迹

第5章

环绕
火星

环绕器

天问一号火星探测器由上下两个部分组成。下面的环绕器形状近似六棱柱，它的工作包括飞往火星、环绕火星运行、完成火星的全球探测，还要为火星车提供数据中继。上面的着陆巡视器负责冲入火星的大气层，在着陆过程中会把背罩和大底抛掉，由着陆平台托举火星车软着陆在乌托邦平原的预选着陆区，然后火星车在火星表面开始巡视勘察。

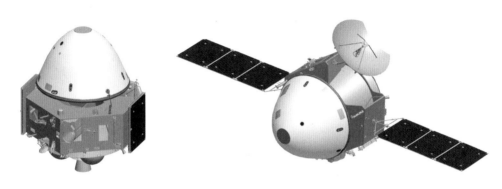

发射前后

环绕器的任务很繁重，包括：奔火过程中会根据轨道的具体情况调整飞行方向；在火星附近的制动，必须一气呵成，否则就会滑向更远的深空，想要再回到火星的附近就不可能了；实现火星捕获，进入环火椭圆轨道，通过拍摄照片对着陆区进行最后的确认；运行到选定的进入窗口，降轨，释放着陆巡视器，还要尽快把轨道抬起来，避免跟着陆巡视器一起扎入火星大气层；完成火星车的数据中继任务，同时还要完成火星全球遥感等探测任务。

火星和地球一起围绕太阳旋转，地球的速度约为30千米每秒，火星公转的平均速度约为24千米每秒，就像在环形跑道上快速奔跑的两名运动员，地球在内圈，火星在外圈。你想把一个运动员手里的接力棒传递到另一个运动员手里，需要掌握好时机。什么时候从第一个运动员那里出发，沿着什么方向加速，到第二个运动员附近如何减速才最省力，都是需要精心考虑的问题。在火星探测任务中，这项工作叫作轨道设计。

轨道设计中，一项重要的工作是发射窗口的分析，也就是探测器什么时候从地球出发，向什么方向出发。天体运动关系决定了大约26个月，人类有一次发射火星探测器的最佳机会，因为这时候发射最省能量，2020年7月底就是为天问一号探测器准备的飞向火星的窗口。

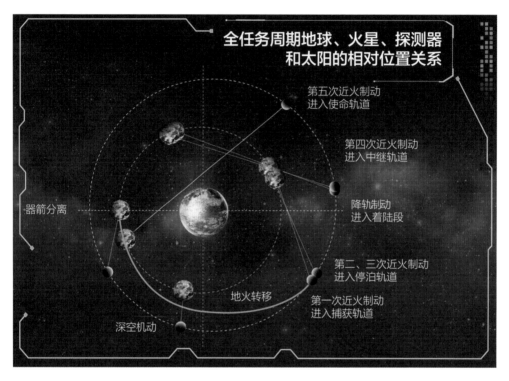

地球与火星的相对位置变化

上图中用细线把相同时刻的地球、火星位置联系起来，发射的时候，地球位于图中左边，火星的位置处于地球下方，相对于绕太阳的公转而言，火星处于超前的位置。不过地球公转的角速度快，到了深空机动的时候，探测器稍稍调整飞行方向，这时候地球已经快要追上火星了。发射之后7个月，探测器沿着图中的粗蓝线，飞行了半个椭圆弧线，飞行里程达到4.75亿千米，终于来到了火星的附近。

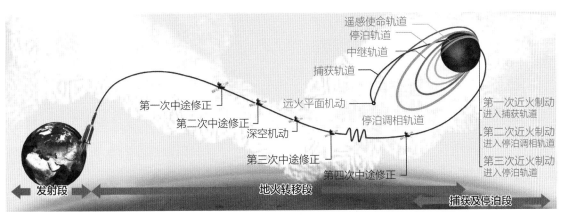

遥感使命轨道
停泊轨道
中继轨道
捕获轨道

第一次中途修正
第二次中途修正
深空机动
第三次中途修正
第四次中途修正

远火平面机动
停泊调相轨道

第一次近火制动
进入捕获轨道
第二次近火制动
进入停泊调相轨道
第三次近火制动
进入停泊轨道

发射段 ← → 地火转移段 ← → 捕获及停泊段

火星之旅

　　这7个月的飞行过程中,还有很多事情要做。火箭与探测器分离,太阳翼展开之后,发射任务就圆满成功了。接下来需要对探测器的轨道进行精确的测量,因为路途遥远,出发时方向的一点点偏差,都会导致错失目标,所以发射之后,要根据最新测量的探测器轨道进行中途修正。这么远的路,一般会安排四五次中途修正。

　　和中途修正一样,深空机动也是一次轨道的改变。不过中途修正主要消除的是轨道的偏差,深空机动则是工程师们轨道设计中的一个高招,在地火转移轨道上合适的位置施加一个速度脉冲,稍微调整一下绕日飞行轨道平面,可以降低对运载火箭发射条件(如射向、滑行时间)的要求,实现把更重的探测器送火星。

　　虽然航天任务中每个环节都关键,不能出错,但是肯定有几个环节是关键中的关键。飞行了半年多之后,在火星附近的近火制动就是探测器发射之后的第一关。环绕器的主发动机这时大显神通,在火星附近制动,主动投入火星的怀抱,成为一颗绕火探测器。这个环节,只有一次机会,如果制动力度不够,探测器飞离火星,就没有机会再回来了。

　　被火星捕获之后,探测器就变成了火星人造卫星,接下来是一系列的轨道调整。到火星的时候,探测器处于火星公转轨道面内,这个轨道面不利于火星全球探测,因为只能覆盖赤道附近区域,最远也只能到南北回归线。探测器首先在距离火星18万千米的远火位置把轨道面调整成为火星极轨轨道,也就是变成沿着火星南北极飞，由于火星在自转，就可以保证探测器实现对火星全球进行观测了。

不过，先不着急，那是后话，探测器先要进入周期2天的轨道，在这个停泊轨道上工作2个多月，努力对预选的着陆点进行拍照。

火星的表面积是地球的1/4，选择在哪里着陆是一个复杂的问题。虽然发射之前就已经明确了着陆区，但是选择具体着陆点还有很多工作要完成。

由于火星绕太阳转一圈的时间差不多是2年，所以火星每个季节的时间长度大约是6个月。对应2020年的发射窗口，等到探测器到达火星的时候，正值火星北半球的春夏之交，对照地球季节做个比喻，正是"人间四月天"。这时候火星距离太阳比较远，太阳辐照的强度比较低，这算是个不利因素。但是从另外一个角度看，在其后的一年时间中，由于火星与太阳之间的距离越来越近，对弥补电池片上灰尘积累导致的发电量变少，会有些好处。

这个时节到火星，选择北半球是有利的，日照时间长，可以获得更多的太阳能。但是纬度也不能太高，超过火星的北回归线，也就是纬度高于25°之后，就没有阳光垂直照射火星表面的机会了。因此，结合火星车的寿命要求，北纬5°到30°的区域，就成为着陆区选择的最初范围。

这仍然是一片广袤的面积，接下来更仔细的寻找开始了。考虑的因素包括：在哪个地方着陆对工程最安全，哪里可能有科学新发现，尽量避开其他国家已经着陆过的区域或者即将执行的任务选择的着陆区，当然还有一项最重要的因素，那就是海拔。

火星上没有海洋，科学家根据平均气压确定了一个面，高于这个面的海拔算正，低于这个面，海拔算负值。选择着陆点的时候，希望选择海拔低于−2千米的区域，原因是在这里着陆，大气层更厚，有更多的时机利用火星大气进行气动减速和降落伞减速。

根据这些因素，着陆区在发射之前、探测器设计时就已经明确，现在的任务是在着陆区地图上画上一个十字线。

在轨等待的这两个月时间，设计师会安排环绕器对火星进行遥感探测，还会测量火星轨道上的空间环境，更重要的是，对预选着陆区成像，最后确定十字线画在哪里。

这样做的目的是进一步确认预定的着陆区地形是否符合要求，还有就是观察着陆区附近是否有沙尘暴等极端天气状况。如果在沙尘天气火星车到达火星表面，能源供给会严重不足，很可能无法完成后继任务，风险很大。通过环绕器上面安装的相机，可以在距离着陆点比较近的位置多次观察，比较照片成像效果，分析天气情况和演化趋势，便于确定着陆的最后时机。一系列的着陆区图像传回后，设计师为了确保安全，把着陆目标位置向西北方向调整了32千米，这再次说明，着陆风险很大，必须慎之又慎。

还有一个因素就是火星的地方时，早落意味着距离太阳下山的时间太短，火星车来不及充电就要进入火星的夜晚，能源会变得比较紧张，因此要耐心等上几个月，每等1个月，落火之后阳光照射的时间就会延长1小时。

这是由天体运行规律决定的，简单讲，轨道面在空间中可以理解成是不动的，火星在自转，同时也在绕太阳公转，与阳光的角度关系是每月变化约15°，着陆后地方时则会提前大约1小时。在不同的时间降落，落火之后的当地火星时间（地方时）也不同。工程师们希望着陆以后，距离着陆点夕阳西斜，至少留足几个小时的时间，保证火星车补足能源，并把进入火星夜晚之前必须做的设置工作完成。探测器在环火轨道上等待阳光方向转过40°，才会奔着工程师们选好的着陆点俯冲下去。

"大耳朵"

深空探测器与地球的测控通信，跟近地航天器的测控通信有很大的不同，根本原因是深空遥远的距离。火星距离地球最近的时候，地球与火星之间的

距离相当于地月距离的150倍；火星距离地球最远的时候，相当于地月距离的1000倍。天问一号探测器按照霍曼转移轨道抵达火星的时候，探测器与地球之间的距离是1.9亿千米，并处于逐渐变远的阶段。

深空遥远的距离造成了测控通信的两个难点：巨大的时延和巨大的路径损失。巨大的时延大大降低了近地航天器常规轨道测量手段的精度，有的测量手段已不适用于深空探测，而且导致无法对航天器进行实时遥控。信号的衰减与距离的平方成反比，巨大的路径损失使信号变得极其微弱。

解决大时延问题的思路是既要采用一些新型的测量距离、速度和角度的手段，以尽可能地提高测量精度，还要让航天器变得更聪明，不需要地面时刻照料它。

有一种技术手段叫作甚长基线干涉测量，通过两个或者更多地面站的天线接收信号，测量远方同一个信号的相位差，从而给出航天器相对地面站天线的俯仰和方位角度。当两个地面站之间的距离达到上万千米时，其测角精度能够达到20纳弧度。

让航天器自己照料自己，就是提高航天器的自主性，保证无论探测器出现什么状况，都不需要地面立即处理，探测器自己就能找出应对步骤，根据当时的情况，按照设计好的策略及时处理，同时也会尽快把处理情况报告给地面上的设计师。

解决路径损失问题的思路主要是想方设法提高信号发送与接收的能力，包括地面和探测器两个方面的能力都要提高。除此之外，还有提高信号频率（从S频段到X频段，再到Ka频段）、对数据进行编码等手段。

天线的能力与其口径的平方成正比，天线口径的增大使得天线对一定波长的微波能量的汇聚能力提高，天线波束收窄，能量变得更加集中。就像一般的手电筒照向远方，不用很远就变暗了，聚光手电筒就可以照亮更远的地方。探测器受尺寸、重量和功耗等多方面的因素限制，天线的口径不可能很大，天问一号环绕器的大天线，直径已经达到2.5米，无法大幅度扩大了。

下一个手段就是提高地面天线的性能。执行天问一号任务时，无论是佳木斯站直径66米的天线，还是喀什站的多个天线组阵，都是在努力提高地面天线的性能。地面天线口径进一步扩大会产生严重的热变形和重力变形，且维护费用高昂，未来将朝着多个小型天线组成天线阵的方向进一步提高性能。

火星车探测时，同样需要接收地面的指令，还需要把获得的数据传回。如果直接和地球联系，当然可以，但是由于火星与地球之间距离遥远，需要比较大的功率和一个口径达到米级的天线。然而携带这样的天线，对经常运动的火星车而言很不方便，需要的功率也很难满足，设计火星车的工程师们想了一个办法，那就是数据中继。

这样环绕器的任务就不仅仅是把火星车送到火星，还要一边完成自己的火星遥感探测任务，一边作为中继星，担任地面与火星车之间联系的"首席联络官"。通常情况下，地面的命令，首先传送到环绕器，等到环绕器和火星车见面的时候，再转给火星车；同时火星车把自身健康情况以及探测获得的图像等科学数据传送给环绕器，环绕器再利用它的大天线，传送到地面。

通信链路与天线（一）

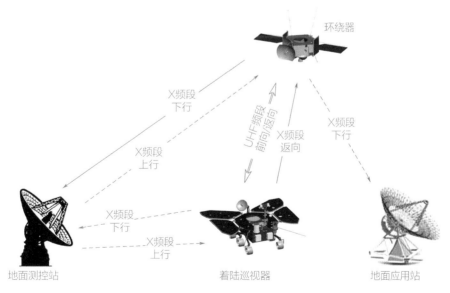

通信链路与天线（二）

发动机

航天器改变飞行中的轨道需要发动机，改变姿态也需要发动机。改变轨道相当于小朋友本来是在向东跑，要调整成向南跑，这是要付出能量代价的。改变姿态的意思是小朋友向东跑，但是从脸朝东调整成脸朝西，从正着跑改为倒着跑，这个调整也是要付出能量代价的。在航天器上就是由大大小小的发动机实现这些轨道改变或者姿态改变的。

通常改变轨道需要的力气大，配备的发动机也是大号的。天问一号探测器上，为环绕器配置的是3000牛顿的发动机，这个力量相当于4个成年男人的重量，探测器被火星捕获等动作就是依靠这台发动机实现的。在着陆巡视器上配置的是7500牛顿的可调推力发动机，这台发动机的特点是力量更大，相当于10个成年男子的重量，而且它的推力可以根据需要调整，比如在降落火星的过程中，刚开始速度快，需要发动机马力全开，过了一段时间，速度低了，由于推进剂的消耗，探测器也变轻了，减速的时候就不需要那么大的力量了，这时可以把发动机的推力调小，保证最后平稳着陆在火星表面。

改变姿态用的发动机推力相对小，比如10牛顿、20牛顿，而且经常是对称布置。两个发动机同时工作的时候，产生力矩，但是不会对探测器的轨道产生干扰。无论是环绕器还是着陆巡视器，都安装了很多台这样的姿态控制发动机，服务俯仰、滚动、偏航三个姿态角度的调整。比如探测器平时飞行可以保持太阳翼对日定向姿态，尽量获得更多能量；需要通信的时候，就要把安装了大天线的那个方向指向地球；等到制动变轨的时候，还要把大发动机的安装面调整到飞行方向，为发动机工作做好准备，等等，这些姿态调整都需要小发动机协作实现。

不过祝融号在火星表面改变方向是靠车轮。与一般的航天器不同，火星车没有推进系统，也没有安装发动机，而是依靠电机驱动车轮行驶。

目前常用的航天器推进系统有两大类，即化学推进系统与电推进系统。化学推进系统中能源和工质组成一体，用化学反应释放的能量将工质加热，再通过喷管的加速以很高的喷出速度射出，产生反作用推力。电推进系统则是能源和工质分开。它利用电能加热工质或产生电磁场加速工质，达到极高的喷出速度。天问一号没有使用电推进系统。不过这种推进系统的性能更高，未来在小行星探测活动中，可能会采用这样的推进方式，达到节约资源的目的。

化学推进系统也有很多种，天问一号探测器使用的是双组元推进系统，工作过程是:打开阀门之后，氧化剂、燃烧剂分别从贮箱流出，流过喷注器后，燃烧剂和氧化剂被雾化混合，随即发生化学反应产生高温燃气，从喷管高速排出形成推力。

对发动机的一个重要的要求是工作可靠，就是让它工作的时候，一定要正常工作，而不需要它工作的时候，也一定不能乱工作。变轨用的大发动机一般都没有备份，这方面的要求就更高。

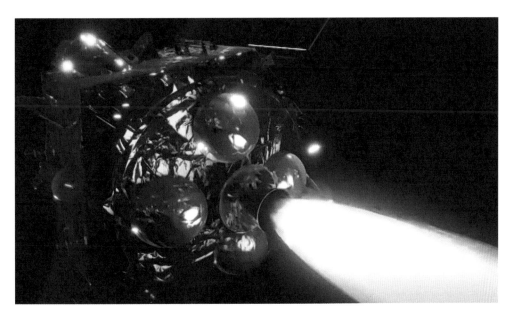

发动机工作

我在哪里

探测器在浩渺的空间飞行，知道自己在哪里非常重要，这方面的需求由航天器的GNC分系统来满足。这三个字母是制导、导航与控制三个英文单词的首字母。GNC分系统的任务包括：根据探测器当前的位置、速度以及飞行的最终目标，利用发动机推力，改变探测器的运动轨迹；调整探测器的飞行姿态，使探测器指向符合要求。

要想知道探测器当前飞行的轨道，需要利用各种手段对航天器的位置和速度进行测量，再对一系列不同时刻的测量结果进行处理，利用轨道动力学模型得到探测器的轨道根数，轨道根数就是描述探测器轨道的一组参数，经常使用的描述方式包括轨道半长轴、轨道倾角等6个参数。每当探测器完成一次变轨，就需要开展一段时间的轨道测量工作，经过分析得到新的轨道根数。

普通卫星的姿态确定常常用到太阳、地球、恒星的方向测量结果，在天问一号探测器中还需要测量火星的方向，测量设备包括光学导航敏感器、红外敏感器等，对可见光和红外两个不同波长范围的测量结果联合处理，识别火星的中心点方向到底在哪里，再进一步处理，就知道了探测器的姿态。这些处理中包括一些计算机软件算法，比如拍摄了火星的图像之后，由于观察视角，大多数时候图像中的火星并不是正圆，而是类似月亮的盈亏，有的时候像凸月的形状，有的时候像新月的形状，软件需要进行算法处理，提取出图像中火星的边缘，分析出圆心的位置，这样就知道了探测器与火星之间处于什么样的相对方位关系。

在飞行过程中，环绕器经常需要调整姿态，比如需要控制太阳翼的方向朝向太阳，努力多发电，控制环绕器上安装的高分辨率相机的朝向，对火星表面的特定目标进行成像，把中继天线对准祝融号，接收最新拍摄的火星表面图像，控制大天线朝向地球，把最新的探测数据发送给焦急等待的科学家，等等。为了保证着陆巡视器进入火星大气层时速度的精度，环绕器与着陆巡视器分离不是沿着飞行方向，而是特意在分离前调整姿态，沿着与飞行方向垂直的方向分离，这样分离速度的偏差就不会影响飞行方向的速度了。

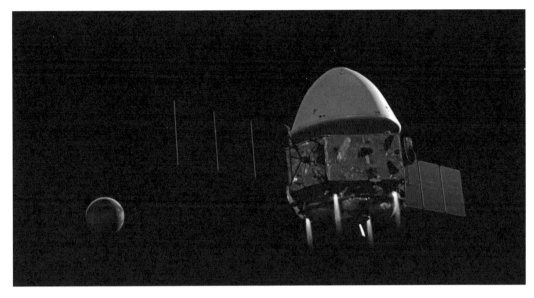

变轨

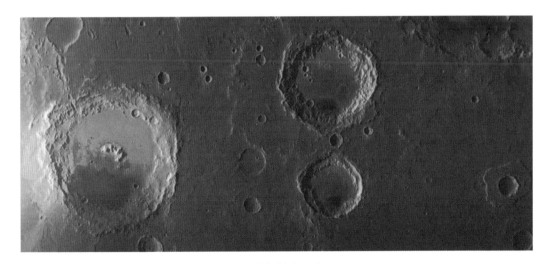

环绕器拍摄的火星表面

第6章

降落
火星

EDL

天问一号着陆巡视器包括进入舱和祝融号火星车，进入舱由大底、背罩及着陆平台等部分组成。着陆巡视器的任务是进入火星大气，通过气动、降落伞、发动机多级减速和着陆缓冲，软着陆于火星表面。火星车与着陆平台分离后，在火星表面开始区域巡视和科学探测。

着陆火星，这是激动人心的时刻。在航天界通常用EDL阶段表示探测器着陆这个关键阶段，EDL是进入（Entry）、下降（Descent）、着陆（Landing）三个英文单词的缩写，在火星探测任务中，这是风险最大的一关，国外多个探测器在这个环节出现这样那样的问题，导致任务失败。

在观察到火星天气适合着陆，确认了着陆目标位置之后，探测器首先瞄准进入火星大气层的一个窄窄的进入走廊，进入的角度有严格的要求，角度太大会导致与大气摩擦温度升高过于剧烈，角度太小又实现不了进入火星大气层的目标。瞄准之后，环绕器和着陆巡视器侧向分离，然后环绕器立即升高轨道，确保自身安全。

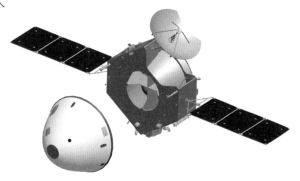

侧向分离

着陆巡视器开始惊心动魄的EDL过程。第一个阶段叫作气动减速阶段，是最主要的减速阶段。进入火星大气时，直径3.4米的着陆巡视器的速度可达4.8千米每秒，大约5分钟的减速之后，速度只剩下约400米每秒，也就是说，速度减少九成，动能只剩下1%。

接着，专门设计的火星专用降落伞展开，进入舱的速度进一步下降，转为匀速下降阶段，速度大约是60米每秒，希望这时火星大气层中风速不要太大，因为这会影响着陆点的精度，甚至影响着陆安全。

再继续，降落伞也完成了使命，探测器把大底和背罩抛掉，露出了着陆平台和火星车。平台上的大推力发动机开始工作，进一步减速，高度100米的时候其速度基本上降到零，便于探测器观察地面，寻找最安全的着陆地点。

最后，要靠四条着陆腿里的缓冲吸能材料，把着陆的冲击能量缓冲掉，保证探测器不侧翻，平稳着陆在火星表面。

火星的大气高度在125千米左右，火星EDL过程从探测器到达这个高度开始，这是任务最困难、最引人注目的阶段，因为EDL实施时，地火之间的通信延迟约17分钟，而整个EDL过程只持续9分钟，着陆探测器必须自主执行全部任务，不能依赖地面的指挥；火星环境复杂多变，存在不确定性，要求探测器执行任务的时候，根据情况自己调整、应对；探测器上数据处理和存储能力有限，GNC的控制算法不能太复杂，必须简捷有效；受地面条件限制，整个过程在地面无法真实模拟，需要分成若干部分，用仿真与试验结合的办法，尽可能地在地面验证充分。

为了验证设计，在地面上开展了多种试验，比如在河北怀来建设了地外天体着陆综合试验场，模拟在火星环境下悬停、避障、缓速下降的过程，对过程中各项细节进行综合验证。

着陆试验设备

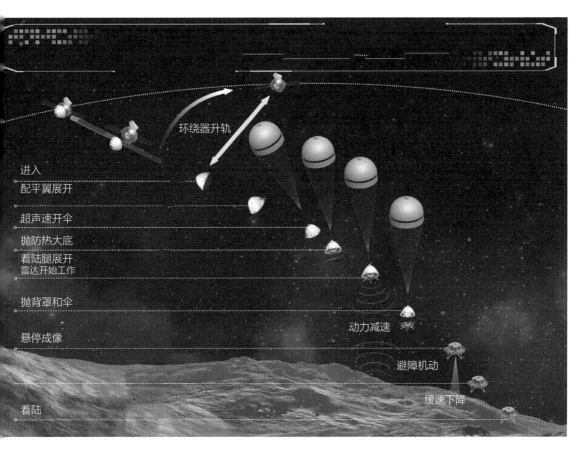

环绕器升轨

进入
配平翼展开

超声速开伞

抛防热大底

着陆腿展开
雷达开始工作

抛背罩和伞

悬停成像

着陆

动力减速

避障机动

缓速下降

EDL过程

气动减速

    火星的大气层虽然稀薄，但是从着陆减速的角度来说，对探测器而言算是个重要的帮助，如果火星没有大气，完全依靠发动机实现减速，代价将相当大。可是利用好火星的大气层，实现气动减速也有很多难题需要解决。

    进入火星大气层后实现气动减速，可以选择弹道式，也可以选择弹道-升力式。弹道式相对简单，在进入大气层之后只产生阻力，但是对降落伞开伞条件的保证不利，而且落点散布的区域大。为了克服弹道式的这些缺点，天问一号选择了弹道-升力式，这种方式利用阻力降低探测器的速度，利用升力控制探测器的飞行轨迹，技术难度更大一些，需要解决的技术难题比较多。

天问一号从进入火星大气开始，至降落伞开伞完成，探测器的速度由几千米每秒迅速减小到几百米每秒，表面温度升高到1000℃以上，这个阶段主要是依靠探测器自身的气动阻力进行减速。合适的气动外形是确保安全通过高速高温飞行区，并最终实现软着陆的重要保障，外形不合适可能无法减速，也可能因减速过快导致温度过高而烧毁。

火星大气非常稀薄，相比地球上减速着陆，同样质量的探测器需要更大直径的外形结构和更好的防热材料。虽然我们国家有成熟的返回式卫星和载人飞船再入地球方面的工程经验，但是无论是返回式卫星的气动外形，还是神舟飞船的气动外形，到了火星减速性能都不好，需要为天问一号设计新的气动外形，使其既要具备良好的减速性能，同时重量还要轻。

经过对多种气动外形进行分析、比较，最后选择了球锥大底和球锥背罩。考虑到火星大气的主要成分是二氧化碳，对防热材料进行了设计确认，有的防热材料继承以往，也有的防热涂层是重新研制的。

在气动减速过程中，由于选择的是弹道-升力式方案，为了获得一定的升力，要求着陆巡视器的轴线与飞行方向保持约10°的小角度，但是在气动减速结束，进入降落伞减速阶段之前，希望这个角度是0°，这样有利于气流对称，降落伞稳定开伞。实现这个角度调整有一种抛重物的方案，通过改变质心位置实现角度的调整，但是这个方案的重量代价比较大，好不容易飞到火星，携带一个几十千克的只用

气动减速　　　　　　　　　　配平翼

一次的金属块，有点亏。聪明的设计师们提出了配平翼方案，到了气动减速快结束的时候，迎风弹出一个小板，探测器受力变化了，就迅速实现了所需要的角度调整。

降落伞减速

进入火星大气层后约5分钟，降落伞弹出、展开并完成充气，EDL进入第二阶段——降落伞减速阶段，从起始时的约400米每秒减速到60米每秒，并继续匀速下降。降落伞弹出后20秒，着陆巡视器抛掉防热大底，展开着陆缓冲机构，底部敏感器开始对着陆点进行观察。

火星大气层中声速比地球低，声音的传播速度为240米每秒，称作1马赫。1.8马赫速度下的超声速开伞是技术难度最大的设计环节，设计要素主要包括气动阻力和稳定性。

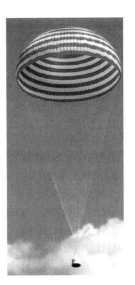

盘缝带伞、十字伞和环帆伞

由于火星表面大气密度较低，在此种环境下工作的降落伞，其织物的透气量可忽略不计，因此为了保证降落伞工作的稳定性，降落伞必须设计成具有一定结构透气量的伞型，这是火星探测用降落

伞的显著特点。相比于地球回收用降落伞，火星探测器的降落伞面临开伞困难、开伞不稳定、阻力系数下降等问题，特别是在低气压条件下超声速开伞，容易出现开伞后"龙摆尾"现象，技术难度很大。

在海盗号火星探测器降落伞研制时期，美国进行了火星降落伞选型方面的研究工作，针对盘缝带伞、十字伞和改进的环帆伞3种伞型，进行了大量的风洞试验、高空开伞试验，在亚声速、跨声速和超声速条件下对降落伞充气特性、阻力特性、稳定性能进行了考察、对比和验证。总体来讲，十字伞的稳定性较差，而改进的环帆伞和盘缝带伞的基本性能相近，前者更复杂一些。海盗号进入型号研制后，选取了盘缝带伞作为火星降落伞的伞型，在此后的任务中也均继续使用了盘缝带伞。

天问一号的降落伞对这种伞型进行了进一步的优化，采用的是锯齿形盘缝带伞，名义面积200平方米，重量却只有40千克，研制过程中解决了高密度包伞、利用弹伞筒弹射出伞、快速充气过程中稳定开伞等技术难题，利用直升机和火箭弹等手段开展了充分的地面验证，确保了天问一号EDL过程第二阶段减速任务的完成。

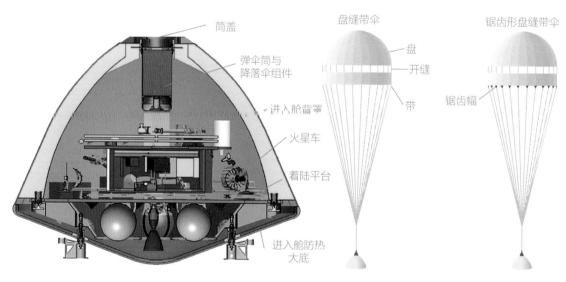

降落伞安装位置

降落伞改进

展开状态　　　　　　　　空投试验　　　　　高空开伞试验探空火箭发射前

天问一号探测器降落伞展开后实景

完成任务之后的降落伞与背罩

着陆点的最后选择

着陆区选择是着陆任务的首要工作，在探测器设计阶段就开始了，因为不同的着陆区，对探测器的轨道、通信链路、构形布局等设计有着本质的影响。等到探测器环绕火星时，为了安全着陆，又根据相机拍摄的图像信息对着陆点进行了小调整。

着陆区需要光照条件好，位于能够获得足够太阳能且通信效果较好的纬度，海拔高度较低以实现EDL过程充分减速，在高分辨率的地形图中无明显障碍物，岩石少，坡度较小，表面平坦。EDL之前，根据环绕器高分辨率相机拍摄的着陆区图像，又对计划着陆点进行了调整。

着陆点确定之后，探测器开始着陆火星，可是环绕器相机拍摄的图片中只能发现比较大的障碍，并不能看到影响着陆安全的所有危险障碍，这些危险都需要在着陆的第三个阶段排除掉，这个阶段叫作动力减速阶段。

距离火星表面差不多10千米的时候，大底被抛掉，着陆腿展开就位，继续下降到距离火星表面小到2千米时，背罩、降落伞也被抛掉，只剩下着陆平台携带着火星车继续下降。

在火面看到太阳

在高度只有100米的时候，着陆平台进入悬停状态，完成火星表面三维成像，对安全着陆区进行确认。这时候着陆平台上的敏感器会对火星表面拍照，由于距离近了，原来看不清楚的石块已经可以看得更清楚了。确定最适宜着陆的地点后，着陆平台瞄着这个位置继续下降到安全着陆点上方约20米处，最后以预设速度垂直下降，直到最后安全着陆。

寻找最终落点

缓速下降

这样复杂的过程，需要在地面进行充分的验证。为了验证悬停、下降、着陆过程，在河北怀来建设了足球场大小的试验设备，开展了各种地形情况的着陆试验。夜深了，笔者在设备的下方冲着天顶的方向拍摄了189张照片，选择其中的一部分处理成一幅摄影作品，设备间星星的轨迹是莫尔斯码，意思是TW-1，表达了设计师希望天问一号出征一切顺利的心愿。这幅作品有个比较雅的名字叫作《星辰密语》，比较通俗的名字是《天上的星星会说话》。

落火缓冲

EDL这个持续约9分钟的重要阶段终于到了尾声，最后的着陆缓冲阶段要靠着陆平台的四条着陆腿来完成了。着陆腿是一种缓冲机构，用于减轻探测器着陆时的冲击，一般选择三腿或者四腿方案，四腿方案稳定性更好些。

美国的探测器着陆火星的时候使用过气囊缓冲，将气囊包裹在整个着陆器外部来缓冲着陆冲击，在火星表面弹跳若干次，渐渐稳定下来，再开始工作。这种方法的优点是占用空间小，对着陆点的地形环境要求低，适应性强；缺点则是气囊重量大，并且随着着陆重量规模的增加，气囊

安全落火

方式很难继续适应，而且着陆后反弹时间也长。天问一号选择的着陆腿缓冲方式，利用着陆腿内部安装的缓冲装置变形，达到吸收冲击能量的目的。这种方式重量轻，着陆稳定性好，不会产生倾覆；缺点是系统复杂，对着陆时的姿态和火面平整情况有要求，当然这些要求是在动力减速阶段就保证了的。

　　EDL四个阶段的任务都完成了，2021年5月15日，着陆巡视器平稳着陆在火星表面，发动机关机之后，着陆巡视器会发出"转入无控模式"信息，这就是在宣布落火成功！

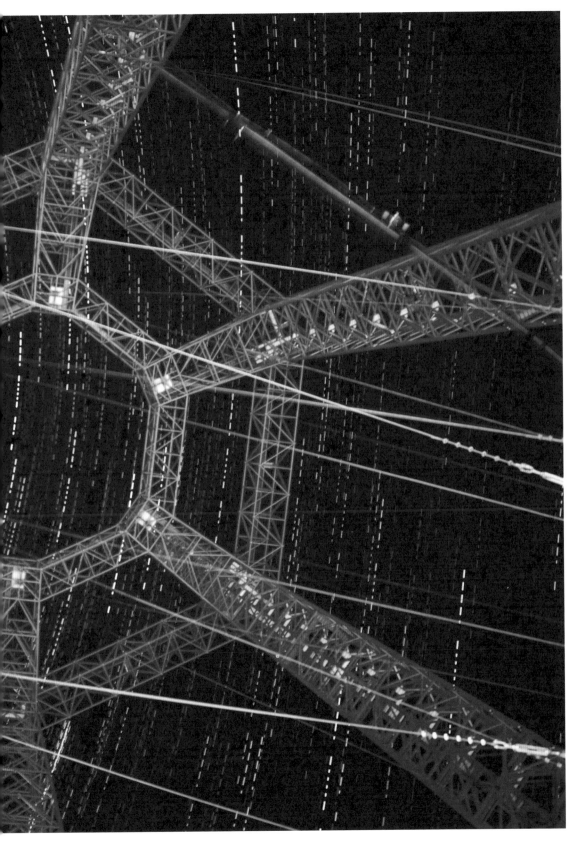

星辰密语

第7章

巡视
火面

设计一辆漂亮的火星车

中国第一辆火星车闪亮登场，它轻舒深蓝四翼，一身金袍，两根杆状天线展开，就像两根触角，整体视觉感受就像是一只蓝闪蝶。它昂首向前，首先勇敢地行驶到转移梯子上，然后稳健地行驶到火星表面。祝融号在火星表面留下了两道车辙，向世界宣布：火星，我们来了！

与一般航天器相比，火星车的设计难度主要体现在以下几点。

①工作环境十分恶劣。火星车的设计难度首先来自火星表面环境的复杂性，对环境、环境的效应、环境效应模拟方法的认识又是一个逐步深化的过程。探测任务执行之前，科学家们对火星表面环境的认知通常存在较大的不确定性。

设计火星车首先面临的是火面低温问题，夜晚火星大气的温度低至-100℃，需要考虑尽可能多地收集能量，或者以化学能的形式存储在蓄电池中，或者以相变能的形式存储在烷烃类相变材料中；其次需要考虑火星大气对太阳辐照的衰减作用，根据能源情况安排每天的工作内容，遇到特别极端的沙尘暴天气，能量不足以维持火星车工作需要时，火星车则进入休眠状态。

②技术跨度巨大。火星车是一种全新的地外天体移动探测平台，技术跨度比较大。

针对复杂的火星表面地形环境，设计师需要重点关注火星车的移动通过能力和沉陷后的脱困能力；为了最大限度利用太阳能，能源系统首次采取了最大功率点跟踪技术；由于距离遥远，对火星车工作的自主性要求比较高，任务的完成、复杂环境的应对、故障情况的处理等，主要由火星车自主完成。使用的很多技术属于首创，或者是首次在航天领域中应用。

③工作模式复杂。火星车在火星表面的工作过程包括释放分离、火面工作等多个阶段，还要经历日凌、火星沙尘暴等特殊的工作过程。火星车还需要着

重考虑通信窗口对工作程序安排的影响，以及与负责数据中继任务的环绕器工作安排的匹配性。

④资源约束严格。系统设计中，重量、功耗、体积等方面的约束十分严格，降低资源消耗贯穿设计过程始终。

考虑到火星车设备、科学仪器的布局，相机、天线、太阳电池板一般安放在顶部。如果火星车倾覆，即使能够复位，也无法正常完成后续科学探测任务，因此火星车在执行巡视勘察任务的过程中，安全是必须予以保证的前提条件。由于存在时延，必须增强火星车的状态检测、危险感知、自主危险处置能力。

火星距离太阳更远，同样面积的情况下太阳光的能量只有月球表面的42%，火星车太阳翼的面积要更大，所以火星车的"翅膀"变得更大、更漂亮，而且"翅膀"的方向还要能够调整，努力对着太阳的方向。与月球相比，火星表面的温度温和些，但还是需要为火星车穿上一件适合的防寒服。

火星有大气，但是气压很低，平均表面大气压强不到地球的1%。在火星的夏季，常常形成尘暴，有点像地面的沙尘天气。这时候火星车接收到的太阳光能量急剧下降，必须为火星车设计一个"休眠"模式，耐心地等待尘暴过去。

火星表面的重力只有地球的38%，但是比月球表面的重力大多了，因此火星车移动的时候，就需要更大的功率，火星车的"筋骨"也必须设计得更强壮才行。

火星车的信号传到地面，最长时超过20分钟，地面的指令又需要20多分钟才能传给火星车。所以必须为火星车设计"超强大脑"，一般的情况火星车要自己处理，只有特别复杂的问题，自己解决不了，才交给地面的工程师们解决。

着陆平台与火星车

在火星表面，太阳光变弱，这样火星车就需要更大的太阳电池板。最早的设计中，火星车的太阳翼只有左右两只翅膀，考虑尽可能扩大太阳电池片的面积，发射时太阳翼被安排成屋顶结构。可是力学分析表明，尖顶位置在火箭发射时振动很大，太阳翼必须设计得很厚实。

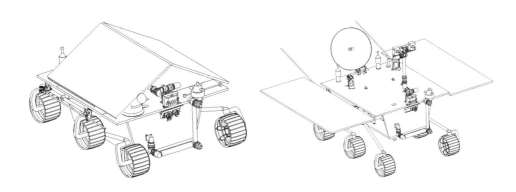

屋顶方案

为了解决振动响应大的问题，最先想到的方案就是折展，在一侧的太阳翼展开之后再向后进行第二次展开，这样的技术相对成熟。这个方案遇到的最大问题就是，二次展开的太阳翼向前展开容易遮挡视线，向后展开容易触地。所谓触地，不是指火星车在火星表面正常工作的时候，而是从着陆平台上驶离时，担心着陆之后平台倾斜，最好保留火星车向前驶离和向后驶离两种选择，向前驶离没有问题，但向后驶离的时候，还没走到火面上，后展太阳翼已经触地了。

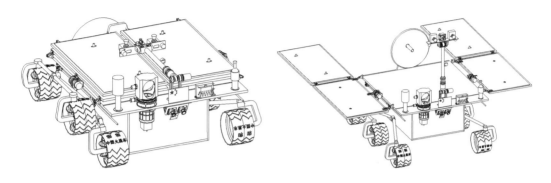

向后折展方案

怎么解决这个问题呢？设计师们想了各种方案，讨论得很激烈，都觉得自己提出的方案好，可是仔细分析之后，这些方案又被逐个否定。

先是想出了蝙蝠翅膀方案，两侧太阳翼垂直收拢于火星车的侧面，然后经过两次展开，第一次是从垂直翻转到水平，第二次像打开扇子一样水平展开。大家觉得这个方案太复杂了，可靠性不高。

设计师们很快又想出了补救办法，就是将太阳翼收拢在火星车的顶面，这样省去了第一次翻折，面积也可以进一步扩大。但是这个方案中多层太阳板之间的间隙保持还是不好解决，在展开过程中搞不好会把太阳电池片碰碎。

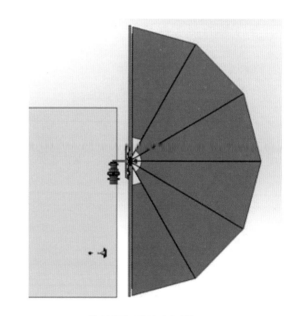

像蝙蝠翅膀的太阳翼

太阳毯单元

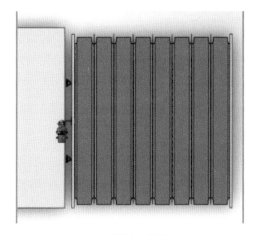

矩形柔性太阳毯

继续改进成太阳毯方案。就是把太阳电池板取消，电池片粘贴在聚酰亚胺薄膜上，变成柔性太阳翼。这个方案优点很多，最吸引设计师的就是重量，但最让人担心的是技术不成熟，例如如何收拢，如何控制展开后的平面度，需要解决的问题很多。特别是设计师还想控制太阳翼对日定向，让阳光垂直照射太阳电池片，尽可能多发电，这个方案实现对日定向的难度很大。

设计师们又想到了把不利于布置太阳电池片的三角形改为矩形。柔性太阳毯收拢状态下，压紧在车顶板边缘，当火星车着陆后，压紧释放装置解锁，在折叠撑杆的根部和杆件铰链的作用下，撑杆侧向打开，带动撑杆上的太阳毯展开。

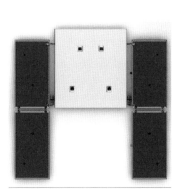  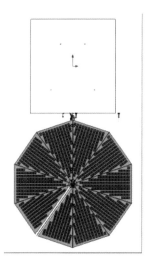

太阳翼构形演化（一）

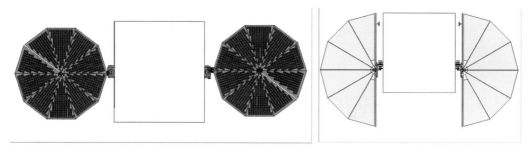

太阳翼构形演化（二）

　　讨论逐渐深化，各种方案的优缺点也很清晰，就在要下最后决心的时候，总体主任设计师有了新想法，他把各种方案的优点集成起来，形成了四展太阳翼方案。太阳翼上下两层收拢在火星车的顶板上，分两次展开。最上层通过一次性展开装置向侧后方展开，解决后展容易触地的问题，展开之后锁定不动。第二层利用机构向两侧展开，根据太阳的方向，可以调节这两个太阳翼的角度，对日定向。下面左图是收拢状态，简单可靠地压紧在车体上；右图是展开后的状态，可获得足够大的太阳电池片布片面积。

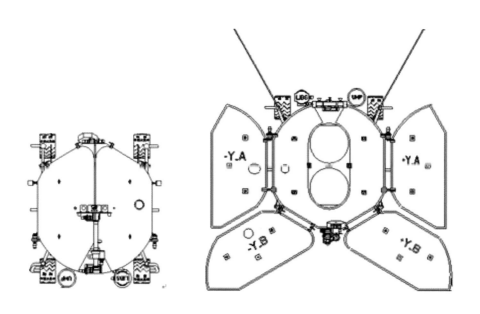

四展太阳翼方案

这个方案得到了大家的一致好评。讨论火星车像什么的时候，大家觉得像一只蓝闪蝶。蓝闪蝶是生活在中南美洲的蛱蝶科闪蝶属中最大的一个物种，翅展约15厘米，翅膀上有金属的光泽，非常美丽。

火星车的太阳电池片是深蓝色的，展开后像是蝴蝶的四片翅膀，两根天线向前展开，就像是蝴蝶的触角，车体前方的两台圆柱形设备，模拟的是蝴蝶的复眼，不过六足被六个车轮代替了。仔细对比下面几张图片，很像吧？！

蓝闪蝶

发射前的祝融号

祝融号是我国的第一辆火星车，质量为240千克。车体顶板上方安装了太阳翼和桅杆，到达火星表面之后，桅杆展开，然后向侧后方展开的两片太阳翼一次性展开，电机驱动的左右两侧太阳翼再展开，为火星车及时提供能源补充。接着完成定向天线展开，把火星车的健康信息尽快传到地面。最后车体抬升，对着陆点周围环境进行拍摄，服务驶离着陆平台及之后的行驶路线规划。

火星车在飞赴火星的路上，有关部门组织了火星车征名活动，为这辆漂亮的火星车起一个响亮的名字，这吸引了广大网友的关注。无数网友给出了各种建议，祝融、哪吒、麒麟等是排名靠前的名字，最后火星车以中国神话传说中的火神祝融命名，寓意点燃中国行星际探测的火种，不断超越，逐梦星辰。

着陆后的火星车（模拟）

| 南 | 西 | 北 | 东 | 南 |

天问一号任务着陆区

　　2021年5月15日，祝融号到达火星表面，接下来火星车用七天时间，完成机构的解锁，对周围环境进行拍摄，并把数据传送至环绕器。地面根据周围地形障碍情况，确定火星车驶离着陆平台后向哪个方向前进。22日，火星车终于在火星的土壤上留下了两道清晰的车辙。

驶离前后

主动悬架

　　火星表面地形复杂，既有陡坡、大石块，也有松软的沙地。在火星车自主行驶的过程中，容易造成车体被石块"托底"的情况，也存在火星表面土壤塌陷，导致车轮被陷住的可能。因此，为适应火星复杂的地形环境，提高越障能力和脱困能力，同时满足压紧、释放需求，火星车使用了主动悬架技术，这使祝融号成为人类第一个地外天体主动悬架探测车。

火星表面的复杂地形

在汽车领域，普通小汽车采用被动悬架，但是有一些高级的越野车，遇到复杂地形时，可以把整车底盘提高，便于越过障碍，这就是应用了主动悬架技术。火星车的悬架由左右两侧的主副摇臂悬架及差动机构组成，主副摇臂之间相互铰接，并在铰接点处加装了离合器，根据需要可以锁死、松开主副摇臂之间的离合器。两侧悬架则通过车厢内部的差动机构相连，差动机构再与车体固定，差动机构输出轴两端安装夹角调节机构，可以控制主摇臂的长短臂绕差动轴转动。

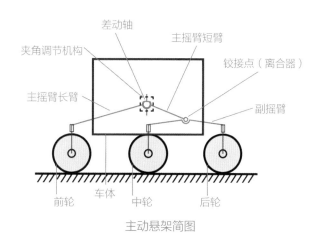

主动悬架简图

主动悬架能够合理地调整悬架的形态，实现车体高度、角度的变化，可抬起某个车轮，避免车休被石块卡住，减少车轮下陷，功能强大。

在火星车与着陆平台分离前，主动悬架处于压缩状态，使火星车车体与车轮均能够与着陆平台保持接触，简化压紧设计；在解锁后，主动悬架伸展，火星车"站起"，分离方式简单。

发射状态　　　　　　　　　　火面工作状态

火星车构形

在平坦的硬路面上运动时，火星车保持离合器松弛，此时主动悬架退化为被动悬架。

火星车的六个车轮都可以独立转向，车轮采用实体胎面轮，这样火星车具备蟹行运动的能力，也就是像螃蟹一样横着走。上陡坡的时候，可以斜向行驶，好处是避免后轮"踩"着前轮的车辙，六个车轮在坡面上形成六道平行的车辙，爬坡能力大大提高。

蟹行运动

这样，火星车除了具有前进、后退、四轮转向行驶等功能外，还有蟹行运动能力，用于灵活避障以及大角度爬坡。

遇到石块障碍比较高的情况时，火星车可以利用主动悬架将车体抬高。在难以通过的软土沙地，特别是车轮发生较大沉陷无法顺利通过的时候，火星车可以像小虫子一样蠕动脱困：首先，两个前轮向前运动，中轮和后轮四个车轮先不动，车体高度随之降低；然后，前轮不动，中轮、后轮前进，车体高度逐渐抬高；再持续重复上述过程。这样的蠕动方式，运动效率比较低，但是沙地脱困效果非常好，即使六个车轮都陷入松软沙土之中，也能轻松走出来。

遇到车轮故障的情况，火星车可以通过质心位置调整及夹角与离合器的配合，将故障车轮抬离地面，继续行驶。

沉陷脱困

移动装置在模拟火星土壤上开展试验

在火星表面，主动悬架将车体抬起时，有个保证火星车内部与外部连通的气门也同时关闭了，这是火星车上一个鲜为人知的秘密。火箭发射时，以及EDL过程中，希望火星车舱内、舱外的压差尽量小，不能超过100帕，否则内部压力大时，集热窗的膜有可能因为受力而被胀破，为此设计师在火星车底板上增加了放气口。但是在火星表面工作时，又不希望内外通气，否则好不容易收集的热量就会被大气对流带走。本来设计一个电动阀门就可以解决，但是设计师要尽可能节约资源，于是想出来一个不用电的可靠办法：在火星车下蹲时顶起弹簧杆，压缩弹簧，使气门通气，等到车体抬高后，弹簧恢复原位，同时把气门关闭，保证气体无法在火星车内外流动。

总之，祝融号的移动能力变得更强大，设计也更复杂。

弹簧气门

火星表面

祝融号的体温

在荒凉的红色星球上工作的祝融号火星车的体温是多少呢？它是感觉到冷，还是感觉热？

祝融号火星车

火星绕太阳运行的轨道比地球远，火星的温度要比地球低一些。地球上的最高气温在58℃左右，而最冷的地方在南极，约为-90℃。不过这样的地方并不适合生存，人类居住的地方，夏天最高气温会升高到40℃左右，冬天最低大致是-40℃。为了防暑防寒，人类想出了各种办法，比如遮阳伞、羽绒服、空调、暖气、火炉、冷饮等，都是为了保障人类可以在气温的变化过程中生活得更舒适些。

火星南北极

火星最热的地方在赤道,最热的时候会达到35℃左右,最冷的地方在南北两极,会降至-140~-130℃,火星大气中的一部分二氧化碳变成了干冰凝结在火星表面。

火星表面冷凝物

在着陆之后,火星车虽然能够移动,但是范围并不大。美国的机遇号火星车行驶了45千米,这是人类星球探测历史上走得最远的探测器了。在这样的范围内,气候变化不大。抵达火面开始工作时,中国的祝融号在白人午后经历的最高气温是-15℃左右,夜里气温则会降到-90℃左右。

如果不采取措施,火星车的温度也会随之剧烈波动,这种温度波动会使火星车上的电子设备很快损坏。为了保护火星车,设计师们想了两个办法。

设计师们发现地球北极的罂粟把花瓣长成聚光灯的形状,这样会使花蕊的温度升高,有利于植物的繁衍。受到启发,在火星车上也设计了两个能量收集装置,就是火星车顶板上面像双筒望远镜的设备——集热窗。

集热窗

两个卵圆形窗口上绷着一层膜，白天阳光可以照进去，晚上这层膜对车内发出的红外线来说是不透明的，也就是能量只能进不能出，可最大限度地收集能量。

那么怎么储存能量呢？如果只是阳光进去之后加热了设备，温度升高，可是到了晚上设备不就又凉了吗？所以，还需要有储存能量的能力。在这层膜的下面，设计师放了十个"酒瓶子"，白天吸收阳光，"酒瓶子"里的固体就会变成液体。到了晚上，"酒瓶子"里的工质从液体又变回固体，在凝固的过程中放出热量，保证火星车的温度不会下降。

不过"酒瓶子"里面装的可不是酒，主要是一种叫作正十一烷的物质。之所以选择它，就是看中了它的熔点是-26℃，设计师希望火星车上重要设备的温度不要低于这个温度水平。

另一个办法就是为火星车设计了一件特殊的棉服，是一层用气凝胶做的棉袄。气凝胶这个材料有两大特点：一是轻，二是隔热效果好。

为了证明轻，可以把它放在花朵上面，花瓣不会被压坏。为了证明隔热效果好，可以在另一侧用乙炔枪去烧它，鲜花不会枯萎。

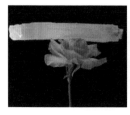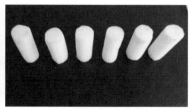

气凝胶

火星车的仪器集中安装在两个设备舱内，两个舱均与外界热隔绝。长期工作的设备安排在热舱，短期工作的设备安排在冷舱，最大限度保证设备的工作和存储温度要求，还要保证所需能量最少。除了用气凝胶这种隔热材料实现设备舱保温，还要注意控制设备间距小于30毫米，抑制自然对流，努力使舱内气体处于静止状态。

有了集热窗和气凝胶这两大"法宝"的加持，火星车就可以在火星表面正常工作了。在火星表面工作初期，正值火星的夏天，是温度最高的时候，天气还比较晴朗，祝融号会感觉到稍稍有点热。火星车内部温度最高的设备是一直工作的火星车的大脑——数据管理计算机，午后2小时左右温度最高的时候达到55℃。温度最低的设备是一些不经常工作的设备，在日出之前温度大约是-26℃，火星车的太阳翼裸露在外，在夜晚的时候更是会降到-90℃以下。

火星车的温度变化，除了日变化，还有季节变化，这一点其实与在地面生活的我们遇到的情况类似。

火星也是有四季的，6个月后火星车进入北半球的秋季，再过6个月就到了火星的冬季，火星车的温度会下降很多，就逐渐显现出来这两个办法的作用了。

祝融号火星车降落在北纬25°，乌托邦平原内。这里夏季温度最高，等到了冬季，太阳的光线在正午的时候不再从车顶垂直照下来，而是升高到太阳高

度角40°后就开始下降，每个火星日的日照时间也显著变短，照到车身上的能量大幅度减少，太阳电池板的发电量也会大幅度下降。

另外，火星的公转轨道没有那么圆，北半球夏季的时候火星近似地运行在远日点，在火星大气层外，太阳光的热流密度最低时为493瓦每平方米。等到了火星的冬季，距离太阳比较近，热流密度会增加到717瓦每平方米。两个因素一定程度上抵消，使得冬天火星车周围的环境温度不会降低太多。如果把着陆点选在南半球回归线附近，就不是这样的效果了，夏天变得更热，冬天变得更冷，不利于火星车的热设计。

其实还有一个重要的影响因素，就是火星表面的天气。天空晴朗时，祝融号的温度就高些，如果赶上沙尘天气，太阳辐照会大幅度下降，温度也会下降。设计师在选择着陆点的时候，经过十分仔细地搜索，选择落在出现沙尘暴可能性小的着陆地点。不过即使火星车遇到沙尘暴，感觉到能源严重不足，它也会自己休眠，进入梦乡……

验证火星车热设计的试验

火星的光与尘

能源一直是火星车设计中最需要关注的问题。探测设备工作需要电能，维持设备的正常温度需要能源，火星车运动也需要电能驱动。为了在火星表面正常工作，火星车必须获得足够的能源。但是，火星距离太阳比地球远，阳光再经过火星大气衰减之后，就变得更弱了。受到重量资源的限制，火星车的太阳翼不可能很大，所以必须仔细研究火星表面光的特性。

火星表面存在大气，太阳光经过大气后，一部分光到达火面，形成直射光；另一部分光被空气尘埃等阻挡发生漫反射，形成散射光，另外地面反射的光也是散射光光源的一部分。设计火星车太阳翼时，不但要考虑直射光对太阳电池发电的作用，还要考虑散射光的贡献。

以美国机遇号火星车为例，其太阳电池面积为1.3平方米，采用三结砷化镓太阳电池，太阳翼展开为水平状态，不具有对日定向能力。初始着陆时，每天能够产生最大900瓦时的电能，前十天每天产生的电能不低于800瓦时，寿命末期每日产生的电能不低于600瓦时。

如果只考虑直射光作用，则机遇号火星车太阳电池寿命初期峰值功率为80瓦。实际上机遇号火星车太阳电池寿命初期每日发电能力为800瓦时，折合峰值功率约为178瓦。也就是说此时散射光贡献约为98瓦，在光深0.9时其发电作用甚至超过直射光。因此在火星车太阳翼设计中，必须考虑散射光的作用，才能保证系统设计更优。

在各种高效太阳电池的空间应用中，比较成熟的是三结砷化镓太阳电池，光电转换效率可以达到30%。可是在火星探测任务之前，空间三结砷化镓太阳电池均是针对地球大气层之外的太阳光谱设计、制造的。火星探测任务中，环绕器的太阳电池不需要调整，虽然火星距离太阳更远，但火星大气层之外阳光的光谱并没有发生变化。可在火星表面工作的火星车，面临的问题就比较麻烦了。

火星大气层的厚度超过100千米，阳光经过火星大气后，强度会变弱。不同颜色的光大气透过能力不同，太阳光中蓝光透过率只有70%左右，而红光的透过率可达85%左右，导致火星表面光谱偏红。

这是由于火星大气分子及悬浮尘埃的存在，太阳光穿过大气层到达火星表面的过程中会受到吸收和散射，造成火星光强进一步降低，不同波长的光的吸收和散射的性质是不同的，造成火星表面光谱出现变化，典型的表现为短波段光强衰降更剧烈，太阳光出现"红偏"。天气晴朗时光谱改变比较小，大气透明度愈差，光谱愈向波长更长的方向变化。通俗地讲，火星表面阳光变得更弱、更红了。

三结砷化镓太阳电池本质上是串联的三个子电池，三个子电池分别对应不同波长范围内光的吸收，光谱的不同直接影响三结砷化镓太阳电池的光电转换效率。由电路理论可知，通过串联电路的电流是唯一的，三个子电池产生电流的能力不同，但整个电池输出的电流将被限制为三个子电池中的最小电流。

火星表面光谱中短波能量更弱，长波能量更强，这将导致顶电池电流变得更小，中电池电流变得更大，使顶、中电池结间电流失配进一步扩大，严重影响电池的整体电流输出。分析表明，若电流失配程度超过9%，则大约1/10的能力无法发挥出来。

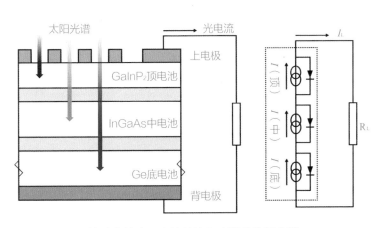

三结砷化镓太阳电池结构和光谱吸收示意图

火星车的设计师们不甘心，一定要把这部分损失夺回来。他们研究火星表面不同波长的光对应的发电能力，精心调整三结砷化镓太阳电池的配方和工艺，提高顶电池的发电能力，让三结电池的发电能力尽可能发挥出来。

经过优化后，这种火星车专用的光谱匹配太阳电池短路电流超过常规太阳电池8% ～ 11%，在火星表面光谱下，光电转换效率提高到31.3%。

火星车工作在火星表面，不可避免地会受到火星尘的影响。直径小于2微米的尘埃，会长期悬浮在大气中，这些尘埃具有磁性，因为它们主要由磁铁矿和橄榄石构成。直径小于10微米的颗粒，可被风卷起，然后很快降落。由于大气密度低，直径大于80微米的颗粒，主要运动形式为地表跳跃。火星发生尘暴后，电池片上的灰尘不一定增加，有时反而变少了，那是因为电池片上沉积的尘埃被风吹走了。

火星光谱匹配太阳电池

火星尘对火星车的影响主要为以下几个方面：吸附在光学设备表面，导致其成像性能降低；进入机构内部，影响其正常运动；吸附在太阳电池阵表面，影响太阳电池阵的输出功率；热控涂层表面黏附火星尘后会导致其性能下降，改变探测器的温度分布；火星车释放过程中如转移机构上附有火星尘，则改变车轮与转移机构间的接触状态，影响释放过程的安全性。火星尘最直接的影响就是导致太阳电池输出功率下降，因为祝融号工作所需要的能量都来自太阳能发电，如果电能不足，火星车只能在火星表面睡觉。

为了降低火星尘沉积对火星车太阳电池输出功率的影响，设计师们考虑过多种除尘方法。

①自然除尘。单纯靠风不可靠，在低气压的火星环境下，除尘所需要的风速比在地球表面要高，在火星风速大于35米每秒时，才能清除部分尘埃，在火星上要想等到这样的大风天气不大容易。倒是可以安排相机等设备在不工作的时候处于低头的状态，减少灰尘在镜头上的沉积。

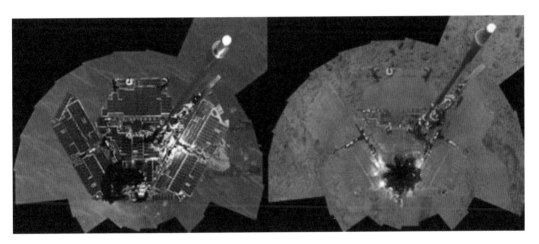

尘埃覆盖前后的勇气号

②机械除尘。利用擦拭、喷吹、摇动或振动等方式除尘。可为太阳翼配上汽车雨刷，但在擦拭过程中，火星尘颗粒可能会划伤太阳电池表面。喷气除尘采用压缩气体直接喷吹太阳翼上的微尘，但是这种方法只适合局部关键设备，太阳翼的面积太大，不太现实。摇动或振动除尘比较适用于大颗粒，对带有静电的小颗粒作用不大。还可以让太阳翼间隔一段时间竖起来或者运动到极限位置，利用在极限位置堵转时产生的振动清除颗粒比较大的部分尘埃。

③电帘除尘。在太阳翼上产生交变的电场，利用电荷同性相斥原理实现除尘。这种方法在小面积太阳翼上试验有比较好的效果，实际工程应用时，因为太阳翼面积太大，而且交变的电场也会干扰其他设备的正常工作，无法采纳。

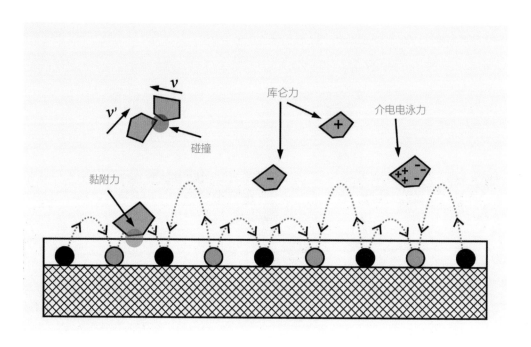

电帘除尘原理

④隔离除尘。在太阳电池片上覆盖薄膜，尘土积累到一定程度后，通过卷轴运动为电池片更换新膜，或者充气膨胀薄膜囊体抛弃旧膜。利用充气方式将灰尘和一层膜掀走，这种方式比较新颖，但是担心正好落在旁边的太阳翼上，没敢采纳。

⑤超疏基除尘。夏季观察荷叶上的水珠，可以发现荷叶与水并没有发生浸润，荷叶随风摇曳的过程中，水珠很容易滚落。借鉴自然界荷叶的疏水原理，在电池片上增加超疏基微观结构，这些结构的尺寸比火星尘颗粒的特征尺寸还要小，当火星尘与之接触时就相当于与一个纳米级的"针床"接触而不是与一个平面接触，大大减少了火星尘颗粒与电池片之间的接触面积，从而减弱了它

图说火星探测的科学

们之间的附着力，使灰尘不易沉积，即使沉积也更容易清除。

火星车太阳翼电池都采用了超疏基电池盖片，其中两个太阳翼还可以调整到竖直状态，便于灰尘滑落。超疏基微观结构的制备方法有很多种，火星车上采用的是湿化学腐蚀法。测试发现，改进后的太阳电池片除尘效果达到了80%以上，特别是对粒径75~125微米范围内的尘埃颗粒，除尘效果更是达到了95%。

祝融号在火星表面工作初期，天气晴朗，能源充沛。3个月后，发现它的发电能力下降了6%。在工作了10个月以后，随着北半球秋季的到来，祝融号遇到了严重的沙尘天气，发电能力迅速下降，有时一天就下降10%，火星车先后采取原地不动、竖立太阳翼除尘、放弃舱外设备夜晚温度控制等手段，减少能源消耗，但是在2022年5月18日，还是无法继续满足每天用电的需要，它进入了休眠状态。

火星表面，风速逐渐加大时，火星车首先感觉到的是太阳电池板输出的电能有些不够，本来每当黄昏的时候，电池都应该是满满的，可是今天怎么这么少？火星车赶紧计算挨到明天需要多少电能，如果结论是"差一点"，那么火星车就会减少工作的设备，通过过紧日子的方式等到第二天；如果结论是"差很多，不够今天晚上用的"，那么火星车就会立即休眠，全系统断电。

这时候，需要我们的火星车过点苦日子。设备的温度越来越低，最低达到-100℃以下。这时没有什么好办法，只能慢慢等到沙尘天气过去。待阳光充足，温度合适时，不需要地面控制，火星车会自己苏醒，开始继续工作。

最开始设计火星车的时候，感觉并不需要为火星车设计休眠唤醒功能，因为火星的一天为24小时40分钟（与地球的一天很接近）——先不聊极区的极昼、极夜等极端情况——正常情况下，使用蓄电池供电，火星车度过火星的夜晚没有问题。

随着分析更加深入，发现还不行。火星是有可能发生沙尘暴的，这时候火星车的能源供应会出现问题，这种沙尘暴的时间有长有短，蓄电池不足以支撑火星车一直工作。

沙尘暴是火星车可能休眠的一个原因，另一个原因则是火星的冬季。由于自转轴与轨道面方向呈25.2°的交角（地球是23.5°，又很相近），火星车着陆点的纬度位于北回归线附近，在3个月的寿命期内光照条件比较好。但是一年之后，阳光直射点慢慢南移到赤道以南，火星车工作地点将渐渐迎来北半球的冬天，中午太阳高度角变小，光照条件变差，火星表面的最高温度逐渐降低，这时火星车的能源就会不足。

火星车距离地球遥远，如果发生情况由地面判断进行休眠处置肯定来不及，在玉兔号月球车上使用过的自主休眠唤醒技术再次被派上用场，不过这次方法变得更复杂了。因为休眠时间无法预知，火星车不会直接感觉到尘暴刮来，也不会直接知道火星的冬天到了。

应对的方法是，每天太阳快要落山的时候，火星车在蓄电池开始放电时就要判断一下蓄电池是不是处于接近满充状态。如果当前蓄电池电量不理想，无法度过今夜，那就要决定休眠，尽可能保存蓄电池电量。

休眠后的火星车在等待两个条件同时满足：一个条件是太阳翼发电足够，足够的意思是既满足唤醒后火星车工作的需要，还要保证有一部分富余的能量给蓄电池充电，保证夜晚的需要，另一个条件是蓄电池的温度，因为若蓄电池温度太低，有电也充不进去。技术实现的手段就是把电流判断和温度判断都做成了硬件电路，只有两个条件都满足后，火星车才会唤醒。

唤醒之后还有一件重要的事情就是让地面尽快知道，但是能源这时候还是很紧张，为了节省电能，火星车不能一直对外发布已经唤醒的消息，这可怎么办呢？火星车的设计师们想到了一个古老的办法，看太阳估计时间。醒来之后的火星车，如果发现长时间没人理，就会看看太阳，确定一下火星时间，然后只在特定的时段发送"我醒了"，地球上的工程师就知道什么时候和火星车联系成功的概率最大了。

就像是两个人去探险，约定万一失去联系，都在特定的时段发送联系信号，这样找到对方的可能性就大大提高了。

美国的毅力号火星车不存在灰尘影响发电的问题，它采用同位素温差发电方式，使用核能为火星车发电。那么为什么祝融号没有使用核能发电呢？其实我国月球探测器曾经使用过核能发电、发热这样的方式，帮助探测器度过长时间的月球夜晚。火星自转周期短，虽然太阳能比地球轨道弱，但还是可以满足需要，再加之核能昂贵，也为了降低发射前准备工作的复杂性，第一次火星巡视探测任务就没有选择核能发电方式。

火星车在外场

"超级大脑"

刚开始在火星表面工作的时候，火星车的信息传到地面需要约18分钟，地面控制指令到达火星车也需要相同的时间，更何况大多数情况下这些信息还要经过环绕器中继，无法满足实时控制的需要。所以，一般的情况都需要火星车自己处理，只有特别复杂的问题，才由火星车先行简单安全处理后再交给地面解决。

实际执行任务的过程中，需要考虑的困难还有很多。由于火星的自转，大约有一半时间，火星车处于地面不可见的状态，也就是说，即使地面多建设几座深空站，每天24小时连续监测，仍然有大约一半时间无法与火星车直接取得联系。当火星、太阳、地球三者近似处于一条直线上，出现日凌现象的时候，来自火星车的信号会被太阳的强辐射湮没，大约半个月无法收到探测器的任何消息。

环绕器在完成火星科学探测任务的同时，兼当中继星，但是因为只有一颗中继星，这只能解决部分时段与火星车之间的通信问题，在一天的大部分时段中，火星车的信息没有办法传回。日凌时段传输数据，更是涉及行星际数据中继这个更困难的话题，暂时还不能实施。

然而，火星车在移动的过程中，随时面临遇到障碍不能通过、车轮沉陷导致滑移增大等危险。火星环境是动态变化的，火星车本身也可能突发状况，比如设备故障、能源不足、负载电流异常、设备温度过高或者过低、确定车体姿态失败等。这些问题需要及时采取有针对性的技术措施。

为了解决上述矛盾，火星车必须具备自我管理的能力，就是通常所说的自主。系统的复杂性、任务的复杂性和环境的复杂性，又决定了上述自主能力不是若干简单的逻辑判断，而是要求火星车具备一定的智能，具备处理复杂问题的能力。

因此，设计师为火星车配备了"超强大脑"，努力把过去地面控制人员的工作步骤、方法编制成软件，让火星车自主功能变得很强大，把火星车打造成移动智能体，自主实现环境感知、路径规划、科学探测、故障诊断等功能。当能源充足的时候，火星车将执行探测、感知周围环境、移动等任务，还要与环绕器通信，传输探测数据，接收地面指令。如果发现某台设备工作不正常，可以切换到备份设备，也可以暂停该设备的工作。移动过程中遇到困难时，火星车会进入安全模式。工作的过程中，若发现温度有点低，它会自己启动加热器，若感知到能源不足，它会减少不必要设备的工作，更严重的情况会自主休眠，等到电能充足、温度合适时再重新开始工作。

当然，也不是所有的问题它都能处理。如果遇到特别棘手的问题，无法自己解决，火星车可以取消当前工作计划，关闭不必要的设备以节省能源，进入安全模式，等待地面工作人员进一步分析后处理。

对陌生环境进行探索，图像信息无疑是最直观的。由于图像信息中含有相当多的时间和空间冗余，也就是说图像数据中有些数据重要，有些价值不大，这导致了图像信息的数据量非常大。火星车执行任务的前3个月，火星与地球之间距离为3.2亿～3.9亿千米，距离遥远导致从火星到地球的通信能够传送的

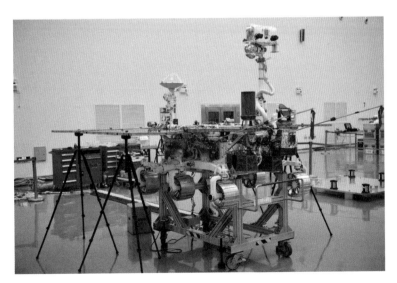

火星车发射前

数据量有限。在深空数据源端对图像进行压缩无疑是提高信息回传效率的必由之路，也就是说在火星车上把图像数据压缩变小，有利于把有限的数据传输能力，用在传输最有价值的信息上。另外，深空探测器资源宝贵而有限，火星车的处理能力不会像地面计算机这样强大。因此，需要根据火星探测任务的应用需求，统一考虑图像数据的压缩。

火星车采用了一种叫作自适应首1游程编码的计算方法实现图像数据的压缩处理，具有压缩比可灵活调整、图像渐进式传输、感兴趣的重点区域优先下传、图像开窗下传、生成小幅缩略图等功能，可适应任务执行过程中的各种可能需求，这种图像压缩算法是为火星车量身定做的。

(a)原始图

(b) 0.125比特/像素　　　　　　　　　(c) 0.25比特/像素

(d) 0.5比特/像素　　　　　　　　　(e) 1比特/像素

图像质量的逐渐改善过程

火星表面

火星车开始干活

经过EDL阶段，主角火星车登场。着陆之后火星车竖起桅杆，展开太阳翼。这个步骤最关键，因为如果有能源，后面就有措施，如果太阳翼展开失败，火星车只能坚持工作一天多，电能就会耗尽。其他的动作还有展开天线，在平台上站起身形。只有所有的火工锁都解锁正常，火星车才完成了进入火星夜晚前必须做的工作。

典型的火工锁使用机械方式压紧，利用火药爆炸的力量切断金属杆，把两个部分由压紧状态松弛为分离状态。天问一号探测器上有数十把不同形式的火工锁，必须全部正常工作，任何一个出问题都会影响任务的完成，可靠性要求很高。也就是说，探测器是携带着火药上天的，正是这些火药在规定的时机工作，才实现了火星探测任务中各个关键的分离动作。

火星车也着急把最新消息传送出去，立即把天线指向地球，把状态、能源情况、落火位置和姿态等信息传回，但是这个时机比较短，很快地球就要落到火星的地平线之下了。收到信息，设计师们悬着的心可以先放下了。

着陆一切正常之后，设计师们开始关心地形，特别是梯子前方的障碍情况。如果梯子口有超过200毫米的障碍，对火星车来说就是比较危险的。祝融号在火星表面的越障能力比较强，可以达到300毫米，但是从坡道移动到火星表面的下坡过程中，越障能力弱些。分析结果表明，一切都好，虽然有石块，但是不高，而且也不在车轮要走过的地方。

准备驶离着陆平台

驶离着陆平台

火星车在火星表面工作分为三步：环境感知、科学探测、火面移动。

火星表面新的一天开始了，太阳从东方升起，这时候火星车还不能自如工作，要等到温度逐渐升高，中午太阳过顶之后，火星表面的温度达到-30℃以上，这时火星车运动部件的温度也升高到工作温度范围之内，大约需要2小时完成探测任务，包括安排火星车转动桅杆、环视四周、拍下周围环境的信息。

之后火星车一直处于休息状态，等到子夜过后，环绕器在距离火星车5000～15000千米处缓缓飞过，抓住其间1小时左右的时机，火星车利用安装在车尾部直径390毫米的白色定向天线跟踪环绕器，把图像等数据传出。

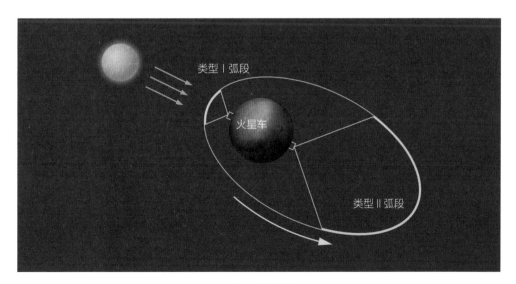

火星车通信弧段

收到图像之后，地面上工程师最主要的工作，就是根据双目相机拍摄的照片，了解火星车周围的障碍情况，分析去哪里探测收获最大，制定进一步的行动路线，再把控制指令发给火星车。如果感觉有些不放心，在指令发出之前，还可以在地面进行验证，利用试验场里火星车的孪生兄弟预演一遍，确认指令没有疑点再发向火星执行。

午后舒适的温度环境下，环绕器又飞回来了，这次环绕器飞行很快，通信距离变化范围为300～3500千米，通信的窗口只有10分钟。利用UHF频段，工程师告诉火星车前进的方向，火星车则把前期探测的数据整理好，下传到环绕器，环绕器再把科学探测结果传给地面。

接收到地面的控制指令后，火星车开始运动，一次移动典型情况距离是20米，前10米按照地面工作人员规定的路线行驶，后10米则是按照地面工作人员给定的目标，火星车自己决定行驶路线，而且一边移动，一边要对土壤分层情况进行探测。到了目标点之后，开始测量火星表面磁场的情况，了解温度、气压、风向、风速，对重要的探测目标，还要用激光把岩石轰击成等离子态，详细探测矿物的成分。

发射收拢状态

移动探测状态

数据通信状态

对日充电状态

祝融号火星车的工作状态

读者可能有疑问，火星车1天只能走20米吗？是的，受到各种条件的约束，这已经是比较高效的工作模式了。

第一个约束是温度。火星表面很冷，火星车舱外的运动部件在夜晚一直处于-90℃以下，在这样的温度条件下，机构的润滑脂都被冻住了。中午之后火星表面温度最高的时候，才适合运动部件工作，所以机构运动尽可能安排在午后。那么，通过加热提高温度不行吗？

第二个约束就是能源。火星距离太阳遥远，阳光变弱，火星车的能源十分紧张。虽然为火星车车轮等每个机构都安装了加热器，可是负责火星车的工程师们不到万不得已的情况不会开启，主要原因就是火星车的能源很宝贵。

我们生活用电1千瓦时售价约0.5元，火星车一个昼夜的发电量大致相当于1.5千瓦时电能。休息状态时火星车不能关机的设备功率大约是50瓦，这些设备一昼夜消耗的电量约1.2千瓦时，已经消耗了火星车总发电量的4/5。剩余的1/5发电量可以用于拍照、探测、移动等工作，还要满足设备保温的需要。工作的安排一定要精打细算。因此，火星车既不能长时间高功率工作，也无法对舱外设备一直加热保温，要靠"天"吃饭，主要工作时段也被限制在午后温度最高的几个小时之内。

第三个约束是信息链路。火星车有较高的自主性，但是为了稳妥，在移动路径选择等重要环节，工程师们还是希望确认一下再执行。这就需要把火星车拍到的图像传下来，可是一幅图的数据量就达到40兆比特（Mbit），双目相机对着5个方向看，覆盖车体前方所有的方向，数据量达到400兆比特。火星车在晚上和白天只有两个机会向环绕器传输数据，一共只能传150兆比特左右，这就需要在传输图像前对图像进行压缩。

第四个约束就是轨道。火星车虽然可以和地面直接联系，但是只能传输状态、指令等少量信息，传输图像、科学探测数据都必须经过环绕器中继。环绕器绕火星飞行，并不是一直都在火星车上空，这就导致火星车的工作流程编排必须考虑环绕器的轨道。

这四个方面的约束，决定了火星车的工作效率和程序编排。大家都希望火星车走得远一点，可是远一点的前提是寿命长一点。

火星车通过太阳敏感器感知太阳矢量方向，结合加速度计等传感器确定重力矢量方向，得到车体静态姿态；在运动过程中，结合陀螺信息输出动态姿态。环境感知技术基于双目立体视觉，类似于左右两只眼睛看物体时的差别，对周围自然环境进行三维恢复，识别障碍，为路径规划和避开障碍提供地形信息。再结合火星车移动时可通过的能力，完成路径规划。在松软的土壤环境下运动，存在滑移、滑转，为了适应地形，每个车轮受到的负载不同，驱动车轮运动的电流需要随时调整。

在火星表面运动时，最担心火星车在松软沙地沉陷，特别是不小心六个车轮都沉陷到车轴处，脱困时必须小心。美国的勇气号火星车就曾经多次沉陷，有时脱困就要用一个月的时间。祝融号可以采取车轮分组蠕动的办法，也可以采取抬轮的办法，甚至采取车腹部着地的办法，具体选择什么招式脱困，要看沉陷的具体情况。

工程师们每天最关心的还有能源平衡情况，如果着陆点位置发生沙尘暴，最直接的表现就是电能不足，需要采取关闭设备等办法减少能源消耗。如果是因为太阳翼上沙尘积累太多，导致电能减少，火星车还有一个抖翅膀的手段，倾斜太阳翼让沙粒滑落。

宇宙很大，一起去看看！　喻菲 拍摄 谭浩 制作

祝融号的设计寿命要求是90火星日，2021年8月15日这一天对火星车的设计师而言是一个重要的日子，火星车的工作时间达到了寿命要求，行驶里程接近1000米，火星车的设计师在朋友圈里写了几句话："三月三千尺，天天添里程。悬心终落地，谈笑始高声。"不知道读者在多大程度上能够体会到，设计师们在长期的压力突然释放时的感受。

运行几个月之后，就需要考虑日凌了。日凌期间，地面与火星车之间将失去联系，完全靠火星车自我管理。为了安全，这时火星车不会移动，也不会开展科学探测活动，静静等待地面新的指令。

出日凌继续工作半年之后，寒冷的火星冬天到来，这时太阳不再从头顶经过，每天懒懒地升到半空就开始下落，环境变得更加寒冷，能源变得十分紧张，火星车必须减少工作设备或者休眠才能应对。在2022年5月18日火星车休眠之后，设计师们制作了一张海报，期盼后续祝融号还能继续一切如意。

第8章

有趣的
细节

随着航天技术的发展，人类开始近距离对火星进行探测。对于任何行星而言，要了解其形成与演化，首先必须了解其表面环境与空间环境、形貌、构造、物质成分和内部结构。对于火星而言，还有寻找生命的迹象。火星仍然存在着诸多的科学谜团，等待着人类进一步去探索、去研究、去考证。

未来火星探测的科学聚焦点包括哪些方面呢？

首先关注的是火星表面的环境和空间环境。对于火星探测器、科学仪器，特别是未来登上火星的航天员来说，空间辐射环境是异常危险的，是任何火星探测活动必须首先了解和研究的重要内容。

火星空间辐射来源主要有两个——银河宇宙线和太阳高能粒子事件。由于火星大气的密度只有地球大气的百分之一，火星没有全球性的内禀磁场来阻止高能粒子的轰击，火星探测器很容易受到空间辐射的损害。太阳高能粒子事件在太阳活动峰年前后频繁出现，导致辐射总量快速增长，有可能危及航天员的健康与生命。银河宇宙线的能量比太阳高能粒子事件的能量还要高得多，更难防护，对辐射防护材料的要求更高。

和地球不同，火星缺乏全球性的磁场，因此，大部分的太阳宇宙辐射和银河宇宙辐射粒子可以直接进入火星的大气层。火星大气的压强又比地球的大气压小很多，如此稀薄的气体所产生的屏蔽作用，远远小于地球的大气所能产生的屏蔽作用。因此，火星表面几乎没有任何的屏蔽，持久地暴露于太阳宇宙辐射和银河宇宙辐射中，同时也暴露在偶发的太阳高能粒子事件辐射场中。它们与火星表面的风化层相互作用，产生大量的中子，这些中子可以达到较高的剂量。因此，将航天员送往火星，必须考虑上述因素。

火星虽然有很强的岩石圈剩余磁场和多极子磁场，但是却没有全球性的偶极子磁场。不过按照现在的认识，火星在早期的时候也应该存在着全球性的偶极子磁场，那么火星"发电机"是什么时候开始与消失的？岩石剩磁分布的特征以及成因机制等诸多关于火星磁场形成的物理机制及其演化方面的问题，等待着人类进一步地去研究、去发现、去诠释。火星电离层是太阳风与火星之间发生相互作用，以及火星水逃逸的重要场所，也是火星空间物理研究的关键对象。

火星上频繁发生的强大尘暴是火星大气运动的一个特色，火星尘暴的特性是目前火星环境研究的热点。

火星的地质构造反映了其在内力作用下产生的断裂、弯曲、压扁等变形现象，现今的火星构造究竟反映出火星在其漫长的地质演化历史过程中具有怎样的应力异常？又发生了怎样规模的构造运动？火星上满布的环形坑，哪些是撞击成因，哪些是火山成因？这些撞击历史对火星自身的演化有多大的影响？

火星表面不同的岩石组合是不同地质作用历史的记录，不同岩石矿物的化学成分以及元素的分布规律，是了解火星整体化学成分，特别是火星壳化学成分及演化的重要信息源。火星表面覆盖着一层松散的堆积物，即通常所说的土壤层，它不单是火星外壳参与地质作用的最活跃部分，更是火星内部物质演化在其表面的最终体现，是了解火星化学演化历史的最直接、最基本的样本。因此，土壤成分、组成结构、厚度及空间分布等方面的研究仍然是目前国际火星探测的重点。

迄今为止，人们已在火星表面发现了为数众多的火山，其中有的被认为是太阳系内最大的火山。火山活动在火星环境演化中起了重要的作用，这可能是火星地质作用的一个特点。从火星地震可以获取火星内部结构的信息和火星演化程度最重要、最直接的参数，因此，火星地震也是目前火星探测最重要的科学问题之一。

火星上是否存在或曾经存在过生命物质一直都是火星探测的热点和重点，寻找火星上具备生命物质产生、存在与发展的环境条件，是开展该项科学研究的基本出发点。比如水的存在、水体发育程度、气候条件的综合性探测与研究，回答火星大气中的甲烷是否属于有机成因，而寻找火星岩石和土壤中可能存在的微生物或生物化石，则是解决这一科学谜团的关键。

讨论一个星球是否可居住时，首先需要明确的是对什么生命体而言，比如

人与微生物对可居性的要求差距巨大。一般的观点认为，可居性的三个基本条件是合适的化学环境、可以利用的能源、合适的温度，从而能够提供液态水。水的重要性不言而喻，因为水是一种承担物质输运的扩散介质，而且还是一个具有选择性的溶剂，是新陈代谢反应的伴侣。生成黏土也需要水，黏土是生命起源前化学进化的催化剂。对比这样的条件，在太阳系里仔细地搜索，火星满足这些苛刻的条件，存在着地外生命存在和演化的可能。

水星和金星表面的温度等条件不适合生命演化，太阳系外侧的四大行星，由于表面的温度很低，而且是气态行星，似乎在那里生命的演化会很困难，存在生命的可能性并不大。但是也有一些科学家把目光投向了它们的卫星，包括木卫二、土卫六等，在那里简单生物存在的可能性还没有完全消失。

探测利器

远道来到火星，最主要的任务是科学探测，科学家和工程师携手，研究把什么样的探测设备送到火星。科学家负责分析火星有哪些前沿科学问题，提出天问一号任务在科学方面的目标；工程师研究如何把科学家的想法变成精密的探测仪器，探测方法在地面是成熟的，但是要满足重量、体积、功率消耗等方面的约束，研制探测仪器本身就是一项关键技术。

天问一号环绕器搭载了7台有效载荷，用于完成火星科学探测任务。

在轨道上拍摄火星，视场和分辨率不能兼得，为此设计师配备了两台相机完成成像任务。中分辨率相机的视场大，它拍摄的图片对应的火星表面积大，一张图片就能覆盖几百千米宽，可用于绘制火星全球遥感影像图，进行火星地形地貌研究，观察着陆区是否发生了沙尘暴；高分辨率相机视场小，是个"眯眯眼"，过近火点附近拍摄，照片对应地面约10千米的宽度，当需要分辨率更精细的重点区域图像时，会派上用场。在着陆火星之前，考虑着陆点的散布范围是飞行方向长、侧向短的椭圆，保守估计椭圆的长轴为100千米，短轴为40千米。根据高分辨率相机多次经过预选着陆区上方时拍摄的图像，经过仔细分析，把目标着陆点调整了30多千米。等到拍摄祝融号的巡视区域时，也是用的这台相机，图片中可以清晰地看到火星车走过的蜿蜒路径。

环绕器次表层探测雷达会发射出电磁波，电磁波穿透火星表面，对土壤和岩石的电磁特性进行探测。火星磁强计用于探测火星空间磁场环境，研究火星电离层及磁鞘与太阳风磁场相互作用的机制。

火星矿物光谱分析仪用于分析火星矿物组成与分布情况，确定火星资源及其分布情况，也许有一天人类可以到火星开发矿产。

火星离子与中性粒子分析仪研究太阳风和火星大气相互作用机制，了解火星大气的逃逸过程。

火星能量粒子分析仪则是用于研究近火星空间环境，了解这些对未来探测器的设计，特别是对载人火星探测任务有益。

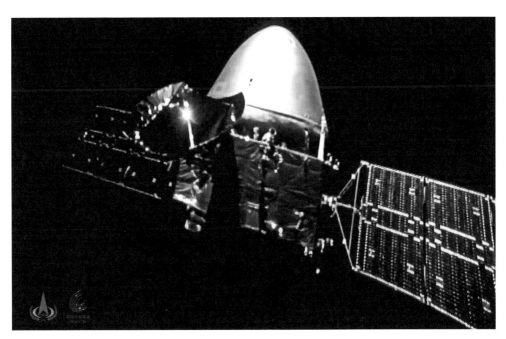

天问一号探测器奔火途中

祝融号火星车上搭载了6台科学载荷。

①火星表面成分探测仪。它是火星车上最复杂的探测仪器。在车体左前方有一面可以翻转的镜子，用于调整激光出射的方向，这是该设备的一个特殊本领。通过激光诱导，岩石样本变成等离子态，之后则可以利用红外光谱等手段确认岩石的种类及元素组成。这台设备工作时需要标定，设计师把标定板安装在定向天线圆锅的下方，就是在天线的安装杆上安装了一块矩形板，板上面有12个小圆片，每个圆片对应的是不同的矿物样品。探测仪器向车体前方打激光是在开展探测活动，向后方的标定板打激光则是在用已知成分样品，标校探测数据，确保探测结果有效。

②多光谱相机。它位于桅杆云台正中间，篆体"火"字车标下面就是相机的镜头，主要用于获取巡视区的地形、地貌和地质信息，通过调整可以选择拍摄不同谱段的照片，综合各谱段的信息，就知道了岩石的成分组成。这台相机还有一个特殊的功能，就是对太阳拍照。工作一段时间之后，多光谱相机还会回头看看车尾巴上的三个同心圆环，利用标定板对照片进行校正，避免图片出现颜色、亮度偏差。

③导航地形相机。它也位于云台之上，两台相机构成双目立体相机，视场比多光谱相机宽得多，有点像人的双目。它们既要服务于科学家寻找感兴趣的探测目标，又要服务于火星车寻找可行的行驶路线，祝融号附近的火星表面大场景彩色图片都是由导航地形相机拍摄的。

④火星车次表层探测雷达。可以探测火星土壤的地下分层和厚度，包含两个通道，两根向前伸展的低频通道天线像是蝴蝶的触角，可以穿透10～100米深度，车体前方的两个梯形盒子是高频通道天线，可以穿透3～10米深度。与其他设备主要是在火星车静止状态开展探测活动不同，次表层探测雷达在火星车移动时，持续收集地下反射的雷达信号，得出地下分层结构。

⑤火星表面磁场探测仪。用于检测火星表面磁场，两个探头安装在桅杆根部和中部。它的设计难度在于火星车上电机等很多设备工作的时候也会产生磁场，需要把火星本身磁场的信号与火星车工作产生的磁场信号分离开。

⑥火星气象测量仪。用于监测火星表面的气温、气压、风向、风速，还有声音的变化情况，相当于把气象站搬到了火星表面。大多数时候，乌托邦平原风速不大，按照速度折算，不到三级风，偶尔也曾经测到过七级风，随着冬季的到来，风速还会加大。

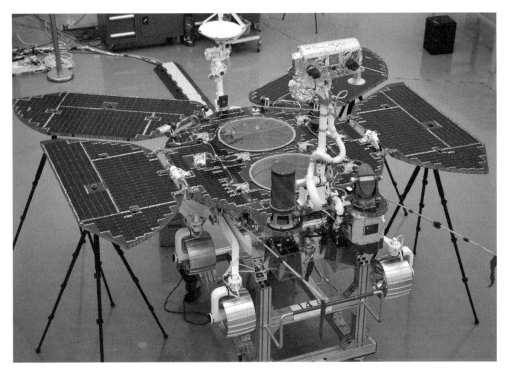

祝融号配置了多种科学仪器

环绕器和火星车的科学探测数据已经完整传到地面，科学家们正在分析其中蕴含的规律，争取有新的发现，关于巡视区水活动等一批研究结果正在陆续发布。

除了关心科学上会有什么新的发现，科学家们还关心工程上的第一手数据，以后再执行类似的任务就会更加有信心。因此在环绕器与着陆巡视器分离、打开降落伞等关键的动作执行时，都拍下了图片，对气动力和气动热的作用效果，以及开伞冲击力情况进行了测量，这些都是宝贵的工程经验积累。

另外，通过对火星车在火星表面工作的情况深入分析，还可以发掘出一些重要的信息。在火星车的两个后轮上，设计师特意刻上了两个汉字"中"，目的是观察祝融号车轮的沉陷与滑移情况。车轮周长是1米，仔细观察火星车行驶后留在火星土壤上的车辙，发现有的时候土壤很硬，车辙不明显，有的时候车辙的深度会达到15毫米。沿着车行进的方向，"中"字之间的距离是0.95米，意味着火星车滑移率为5%，行驶正常；如果距离只有0.5米，那就说明滑移率已经达到50%，祝融号很可能已经发生了沉陷，十分危险。

后轮上的视觉特征增强标记

车辙上的"中"字用于测量滑移率

火星车的太阳电池电路共3路，设计师最关注顶板这个电路的电流，因为它与入射光强呈线性关系，代表了电池板上灰尘积累的情况。2021年5月22日，祝融号开始火面巡视探测活动，在火星表面中午时，火星车的顶板电流最大值为1.493安培，3个月后电流最大值降低到1.413安培，表明寿命期内电流衰减情况近似是每天0.06%，90个火星日发电能力衰减了5.3%。2022年2月16日，顶板电流最大值为1.173安培，等到2022年5月中旬，顶板电流已经下降到0.5安培以下，不足以支持火星车每日电能需要，火星车于5月18日进入休眠状态。这反映了落火初期天空晴朗，光深只有0.18，但是随着北半球进入秋季，天气明显变差。从间隔80天拍摄的火星车顶板图像看，灰尘的沉积情况十分明显，尘土逐渐增厚。国外关于洞察号探测器的相关报道也印证了火星北半球秋季出现严重沙尘天气，光深变大。这些信息对未来火星探测器的设计具有重要价值。

克克计较

深空探测任务面临的一大难题就是资源紧张。资源紧张体现在各个方面，功率、信道等都紧张，但是最突出的矛盾还是重量。长征五号运载火箭作为我国运载能力最大的运载火箭，起飞重量约870吨，近地轨道运载能力25吨，地球同步转移轨道运载能力14吨，地月转移轨道运载能力8吨，地火转移轨道运载能力大约是5吨。也就是说，深空探测任务需要运载火箭提供较大的入轨速度，火箭的运载能力就变小了，深空探测器设计时必须重点关注减重这个难题。

在火星探测器设计过程中，毫无疑问减重是设计方案制定过程中最棘手的问题之一。别看探测器的重量是5吨，但这是所谓湿重，为了满足在火星附近制动和落火过程动力减速等动作的需要，其中一半以上的重量要留给推进剂，探测器的干重只有2吨多。

由于任务复杂，探测器又被分为环绕器、进入舱、火星车等组成部分，留给火星车的重量只有240千克。为了尽可能多地携带科学探测仪器，火星车的设计优化过程，一直贯穿着"减重"原则。火星车所有设备，都经历过严格的"瘦身"。

保证火星车设备的温度水平是火星车热控分系统的主要任务，火星表面温度变化很大，着陆点最高温度出现在中午时分，大约-15℃，最低温度出现在黎明前，约-90℃，因此火星车热设计面临的主要问题是保温。

如果电能充足，可以给每个设备都配上加热器，需要的时候通电加热就可以了，可问题不是那么简单——电能也不富裕。要想获得更多电能，继续扩大太阳翼的面积，重量又承担不起，逼迫火星车的设计师们要想出更高明的办法。

光能转换成电能，效率只有30%。设计师们另辟蹊径，提出光能如果直接转换成热能，效率会高很多。他们在火星车顶部前后安装了两台叫作集热窗的设备，有点像双筒望远镜，它可以把太阳能直接吸收，转换成热能。

下面就仔细介绍一下这些聪明的设计师是怎么解决这个难题的，同时大家也可以对深空探测任务中实现减重的细节有一定的了解。

第一个难题是窗口材料的选择。要求是光能只进不出，换成技术语言就是，集热窗透光口具有太阳光谱能量高透过率、远红外光谱低透过率的特性。

设计师们开始寻找合适的材料，最先被关注的是石英玻璃，可见光透过率可达92%以上，而远红外辐射透过率低于5%，从性能看，很适合作为光学窗的材料。但是石英玻璃耐冲击性能较差，针对探测器要经历的力学环境，需要精心设计隔振措施。

一轮设计下来，结果不理想。石英玻璃是脆性材料，玻璃的厚度需要达到6毫米，一块玻璃的重量达到3千克。还要考虑铝合金安装框、减振圈，两个集热窗的重量将接近15千克！

接着设计师们想到了把石英玻璃换成钢化玻璃。钢化玻璃强度高，韧性好，抗热冲击性能优越，超白钢化玻璃的可见光透过率约91%，厚度可以减小到2毫米，可以实现减重4千克，但还是无法承受！

有设计师建议用有机玻璃，密度低，可加工，耐冲击性极好，广泛用于飞机的座舱盖、风挡，以及医疗设备等方面。有机玻璃的可见光透过率可达92%，密度只有玻璃的一半，这样重量又减少了1千克。

设计师们脑洞大开，既然有机玻璃可以，那变成一张透明膜是不是也可以。他们抓紧找到国内相关单位，设计、生产了一种厚度仅有几十微米的聚

酰亚胺膜，一番测试，其他性能满足要求，尤其是重量，两片膜重量只有不到100克！只是可见光谱段的透过率为90%，没关系，把窗口开大些就可以了。

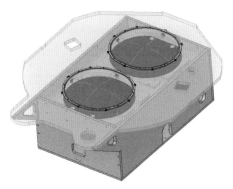

集热窗优化结果

千锤百炼

　　火星车设计完成之后，还不能发射，因为不能保证所有的环节都想到了，万一发射到火星才发现问题，那里没有4S店，也没有救援车辆，就太糟糕了。为了检验设计，需要在地面模拟各种环境，对祝融号进行充分的考核，其中有两项试验十分重要，分别是内场试验和外场试验。

　　内场试验在北京进行，试验场地分为两个区域：水平区和可调角度坡道区。水平区主要进行移动越障、避障试验，可调角度坡道区测试上坡、下坡性能。

　　在试验场地铺设厚度不低于500毫米的模拟火星土壤，并布置撞击坑、岩石等障碍物。模拟土壤以吉林辉南地区火山灰为原料，通过制备及整备得到，制备过程指对不同颗粒直径的土壤按需混合，整备过程指的是通过淋洒、压实环节，调整土壤参数。利用光照模拟装置实现了可见光谱段、近红外谱段辐照强度为0.2太阳常数的光照模拟，场地实现了太阳辐照强度的1/5。火面重力加速度约为地面的38%，火星车试验过程中，多余的重力通过低重力模拟系统提供所需的拉力进行卸载。

火星车内场试验

　　火星车外场试验在河北省丰宁满族自治县开展，试验项目包括了绝对定位、相对定位、地方时确定等。

　　绝对定位指的是利用两个时刻的太阳方向数据，自主确定火星车所在的经纬度，这是为了应对车上设备故障提前进行的准备。相对定位即视觉测程，利用在不同地点拍摄的图像，由火星车自主确定行驶里程。地方时确定的意思就是火星车自己确定时间，虽然不知道日期，但是根据太阳的方位变化，计算出当前时间是上午几点钟，这是为火星车休眠唤醒之后与地面联系准备的手段。

火星车外场试验

火星车驶离试验

祝融号还有一项重要的工作，叫作行星保护工作。操作人员仔细操作，减少火星车被生物污染的可能性，特别是车轮灭菌工作最为严格，因为只有车轮直接接触火星的土壤。

　　在发射之后，火星车的设计师们还不放心，在地面开展了更复杂地形条件下的试验，目的是万一遇到特别困难的情况，心里会更有底。

蟹行越障

复杂地形验证

图说火星探测的科学

地球上那些像火星的地方

如果你看过美国电影《火星救援》，除了被扣人心弦的故事所吸引，一定也注意到了影片中苍凉、凄美的火星风光。那么，火星表面到底是什么样子的？地球上最像火星表面的地方在哪里？电影是在哪个外景地拍摄的呢？

火星表面实景

火星车在发射之前，要在地面上经过充分的试验，在哪里进行试验最合适呢？也就是说，地球上哪里最像火星呢？

实际上，在地面开展火星研究，开展火星车试验，不同的科学家根据各自的目的，找到了不同的地点，称其为火星类比点。

比较著名的火星类比点有智利的阿塔卡马沙漠实验站、北极斯瓦尔巴群岛火星类比点、南极干谷地区、犹他州火星沙漠实验站、突尼斯吉利特盐湖区类比点和中国青藏高原大浪滩干盐湖等火星类比点，这些类比点研究项目的侧重点各不相同。

智利阿塔卡马沙漠（Atacama Desert）位于南美洲西海岸中部，在副热带高气压带下沉气流、离岸风和秘鲁寒流的综合影响下，这里成为世界最干燥的地区之一，这里几乎没有降水，所以也被称为地球的"干极"。

美国科学家开展火星车试验，选择在阿塔卡马沙漠进行，正是看中了这里的干旱环境和类似火星的地貌。

地球的"干极"

阿塔卡马沙漠

北极斯瓦尔巴群岛是挪威的属地，总面积6.2万平方千米，这里的主权归属挪威，但是根据相关条约，中国公民可以自由出入该岛，并可以进行正常的科学和生产活动。科学家在这里研究与火星类似的低温环境条件下的生物演化行为。

斯瓦尔巴群岛（一）

斯瓦尔巴群岛（二）

　　南极干谷地区是一处没有冰层覆盖的区域，地面上散布砾石，被人们称为最像火星地貌的地区。曾经有科学家在这里发现了微生物，由于火星的环境条件与此类似，进而推测火星也有存在这类微生物的可能。

南极干谷

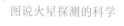

相比上面介绍的这些通常只有专门从事科学研究的人员才能到达的地区，美国犹他州火星沙漠实验站则更大众一些，美国航空航天局在这里组织过针对火星载人飞行任务的前期试验。

火星沙漠实验站

　　吉利特盐湖位于突尼斯，虽然称为湖，但是这里蒸发量很大，湖中含盐量是世界之最，科学家们关心在这样的恶劣环境下，生物能否生存。

吉利特盐湖

中国科学院寒旱所的科学家通过研究发现，中国青藏高原及其邻近地区，如柴达木盆地的大浪滩、普若岗日冰原西侧、敦煌西北库姆塔格沙漠、新疆哈密五堡的风沙地貌与火星相似。研究大浪滩与火星相似的硫酸盐环境中的嗜盐菌类，可以为火星生命探测提供线索。沙漠中有与火星相近的线形沙丘、新月形沙丘及类似的空间组合关系，可以开展地球与火星风沙地貌的对比研究。

新疆哈密五堡

柴达木盆地的大浪滩　杜勇　拍摄

电影《火星救援》中的第一个场景，就是黄昏下火星高低起伏的地貌，那么电影中的火星地貌又是如何拍摄的呢？

电影《火星救援》表现的火星表面

电影里的火星就像一个充满红色沙土、岩石的荒漠。摄制组主要在约旦的玫瑰沙漠取景，加上CG后期合成，形成的整体环境与好奇号火星探测器发回的照片非常相似。

玫瑰沙漠位于约旦，这里风化的巨大岩石如同城堡，风蚀断崖等奇特的山形，令人震撼不已。电影导演雷德利·斯科特在进行电影推介时，曾经说："拍这个电影对地形的要求很高，我们在约旦的玫瑰沙漠找到了这个取景地，这里有美不胜收的地貌，很偏僻，开车要40分钟才能到，非常适合拍摄。我们知道火星是所谓红色的星球，这个颜色到底怎么调呢？我们其实是用后期特效做成这个效果的。"

约旦玫瑰沙漠

酷酷的火星摄影师

天问一号探测器距离地球不是很远的时候，就曾回望家园，拍摄过地球与月球的合影。国庆的时候还曾分离出一台相机，拍摄了天问一号在茫茫宇宙中飞行的照片，在照片中可以看到鲜红的五星红旗。等到环绕器进入环火遥感任务阶段，又分离出一台相机，拍摄了环绕器与火星的合影。这些执行复杂任务过程中的小花絮，拉近了深空探测任务与大众之间的距离，提升了工程的展示度，也是探测器设计师在大战面前满怀自信的情绪表达。

祝融号也拍摄了大量火星照片，同样也有许多有意思的故事。利用火星车拍摄的图片，既可以开展火星表面地形地貌研究，也可以用于确定火星车探测的目标，规划火星车行驶的路线，还可以为工程留下重要的图片、视频资料。为了精心设计拍摄这些图片时的构图、选择相机的曝光参数，火星车的地面操作控制人员都被培养成了火星摄影师。

祝融号火星车模型

①导航地形相机。火星车上安装了9台相机。在祝融号桅杆的顶端安装了3台相机，站得高则看得远，左右两侧的相机是导航地形相机，这一对相机对火星车而言十分重要，相机的视场大致是46°×46°。拍摄了周围地形图像之后，利用两台相机的视差，可以恢复出火星车周边的立体地形图。

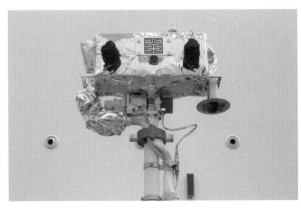 

导航地形相机、多光谱相机及车标

着陆之后，为了尽快确定火星车周围的地形信息，地面安排给火星车的第一项任务，就是利用这一对相机拍摄着陆平台周围的情况。第一次拍摄的是平台附近的一圈，看到图像之后设计师们很兴奋，开始规划未来一段时间火星车的行驶路线，同时还觉得不过瘾，决定第二天在桅杆云台抬起来一些的位置，拍摄包括地平线在内的着陆平台的周围环境。这两圈图像各幅图片之间均有重叠，经过地面处理，就可以形成着陆点周围壮观的火星地貌全景。

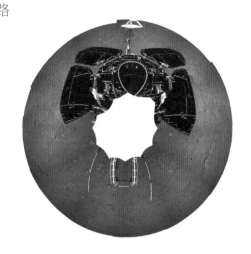

着陆平台周围环拍

等到火星车在火星表面工作一段时间之后，设计师会想知道太阳翼电池片上沉积了多少火星尘，在火星车顶部的两个集热窗上又积累了多少火星尘，这与火星车的能量供应情况密切相关，十分重要。把桅杆云台的指向角度再放低些，就可以看到火星车的车体顶部，把图片与刚到火星表面拍摄的图像对比，设计师就可以了解个大概。导航地形相机是彩色的，公开的彩色照片一般都是这两台相机拍摄的。

第4火星日　　　　　　　　　第81火星日　　　　　　　　　第247火星日

导航地形相机拍摄的火星车顶板状态

②多光谱相机。桅杆云台中央的相机是1台多光谱相机，针对可见光谱段中与矿物成分判断密切相关的8个谱段，设计了只能透过窄带光谱能量的8个滤光片，有点像是左轮手枪，一次可以选择一个谱段进行拍照，也可以根据对巡视区域矿物成分的初步判断，进行部分谱段的拍摄，还可以8个谱段均照。实际上这个"左轮手枪"共有9个挡，也就是说在8个单色挡之外，还有1个特殊的第9挡，这是个全色挡，所有颜色的光均会透过，不过光强已经大大减少了，这就是利用了天体拍摄爱好者熟悉的所谓巴德膜减光功能。之所以安排第9挡，目的是拍摄太阳，这不是为了拍摄太阳的照片去参加摄影比赛，而是为了在火星车遇到确定方向的敏感器出现问题，或者其他无法确定火星车航向的复杂局面时，利用太阳辨识方向，与荒野求生时利用太阳确定方向的原理是一样的。

目前，多光谱相机已经多次工作，进行岩石矿物成分分析，但是第9挡拍摄太阳的功能还没有使用。上述3台相机均兼顾了工程与科学两方面的需要，不过侧重程度不同。

③避障相机。火星车的车体前方、后方各有一对黑白避障相机，这4台相机的视场很大，大致是100°×100°，四角会有比较大的变形，主要功能是判断车体前后方附近是否有障碍，其利用的也是安装在不同位置的一对相机在拍摄时产生的视差进行地形恢复。当年设计玉兔号月球车时只有前避障相机，考虑到火星地形复杂，火星车设计时特意增加了后避障相机，目的就是要尽全力确保火星车的行驶安全。

避障相机图像

④Wi-Fi 分离探头。火星车上还有两个相机，集成在一起叫作 Wi-Fi 分离探头。它安装在车体底部，工作的时候，利用加热方式，把相机的束缚烧断，相机从车体下方掉落到火星表面，两台相机进入静态和动态拍摄模式，可以获得若干张图片和动态视频。

设计这台设备的目的是增加工程展示度。因为火星车在火星表面工作，虽然可以自拍，但是照片的视角不好，只能获得火星车的顶视图，无法展示火星车在火星表面工作时的自然视角图片。相关人员提出能不能想个办法，拍一张火星车的火面工作照，为此，设计师绞尽脑汁提出了分离探头方案。

自拍计算机模拟效果

火面工作的第18天，正好是儿童节，热刀工作，探头与火星车车体分离，落到火星表面上，探头开始拍照。火星车立即做些配合动作，先是后退几米，到达拍摄最佳位置，获得几张火星车的标准照。随后火星车原地转向，再继续后退，到达火星车与着陆平台合影位置。

这个探头自带电池，只能工作几个小时，然后就完成了它的使命。两台相机中，一台是航天产品，视场是方形的；另外一台相机的元器件等级偏低，视场是长方形的。两台相机均正常工作，获得了一批静态图片和一段视频，拍摄效果不错。设计师看到从火星传来的合影图片，发出了一阵惊呼声，这张照片可以算是给关注火星的小朋友们的节日礼物。

稍有遗憾的事情是，相机落到火星表面时，其面对的方向偏转了10°左右，导致拍摄的图片中，右侧的平台梯子没有进入视场，左侧的留白有点多。设计师分析原因，猜想相机右侧可能有个小石子，相机正好碰到它，镜头方向发生了偏转。利用火星车的导航地形相机对分离探头进行拍摄，想找到这块小石头，结果什么也没有发现，为什么发生这个10°的左转，可能要成为千古之谜了。可是，也有人认为现在的构图刚刚好，不经意间把火星车放在C位，看来大家对最美构图的理解并不一致。

导航地形相机拍摄时，一般的拍摄场景使用自动曝光方式就可以了，图像质量及效果通常都不错，但是在拍摄着陆平台时，遇到了困难。虽然照片中火星表面和着陆平台的成像效果都不错，但平台上的国旗由于上方"屋檐"的阴影影响，曝光有些不足。

大家讨论时提出各种建议，曝光参数选多少合适，在什么时间拍摄国旗亮度均匀，火星车行驶到什么位置拍摄合适，需要拍摄几张照片才能把着陆平台全部收入取景框……七嘴八舌之后，最终任务交给了火星车的系统设计师。设计师分析火星星历，得出结论，在火星表面10点37分之后拍摄，国旗表面就不会出现明暗差异，国旗全部处于平台结构板的阴影中。而在火星表面的7点之前拍摄，国旗则均会处于阳光照射之下，可是这时候拍摄对火星车的要求太高了，阳光从东方地平线照来，火星表面温度很低，火星车上机构的温度也很低，拍摄前需要对机构进行加热，最后决定放弃在早晨这个时间段拍摄。

为了提亮拍摄目标，曝光时间需要增加。火星车的导航地形相机不能调整光圈大小，只能调整曝光时间的长短。已经获得的照片的曝光时间是6.3毫秒，

火星车与着陆平台合影

测得照片中目标的灰度值是50左右，为了使特定目标的曝光合适，需要把灰度值提高到100左右。

经过分析，决定选择3组曝光参数，第一组仍然是自动曝光，第二组左右导航地形相机的曝光时间都选择为10毫秒，最后一组的曝光时间都是15毫秒。每组照片是相互搭接的3张照片，通过地面处理就形成了着陆平台壮观的完整照片。

第二天，拍摄的照片传回。第一组照片的整体效果不错，国旗还是偏暗。接着第二组照片传来，国旗处的灰度值达到了80，着陆平台整体效果也不错。第三组照片中，国旗部分很鲜亮，灰度值达到了112，但是平台及天空背景过

导航地形相机拍摄的着陆平台

曝严重。大家仔细分析了照片，确认拍摄任务完成，经过地面几何校正和辐射校正，拼接后，利用不同参数拍摄的3组图片经过复杂的高动态范围图像（HDR）处理，形成了媒体公布的着陆平台的漂亮图片。仔细看鲜艳的国旗左边，那是冬奥会吉祥物冰墩墩和雪容融，这算是中国航天人对奥林匹克精神的一次礼赞吧。

从轨道上也能看到天问一号留在火星表面的印迹，天问一号刚刚完成落火任务，国外的探测器就飞过来拍摄了着陆区的图像。照片中可以看到着陆平台两侧，火星土壤因为发动机喷气而颜色变暗，祝融号就在着陆平台旁边，左下角的白色亮斑是降落伞和背罩。

国外探测器拍摄的着陆区

就这样，火星摄影师的任务完成了，讲述这些火星表面图片拍摄的过程，就是想为天问一号以及这些火星摄影师们留下一个剪影。

第9章

展望
未来

为什么探索火星

人类早期深空探测带有较强的政治目的，但随着时代的发展，它的使命可以总结为"探索宇宙未知，服务人类文明"。从科学角度看，它研究的是宇宙和生命起源这一类最根本也是最前沿的问题；从技术进步角度看，它能够引领发展尖端的技术；从人才角度看，它能够吸引、培养和锻炼一大批相关领域的顶尖人才；从经济角度看，它需要非常雄厚的经济实力，并能够创造新的经济增长点；从政治角度看，它争取的是未来的领先地位；从思想角度看，它代表的是人类追求更强能力、更远到达、更广视野、更深认识的理想。

我们为什么要去火星？这是经常被问到的问题，不同的人会给出不同的答案。

印度的火星探测器成功环绕火星后，其政府发言人被问到，世界上1/3的穷人都在你们国家，为什么还花大钱干这个？他回答说："如果我们没有伟大的梦想，那么我们永远是伐木人和挑水工。"

航天之父齐奥尔科夫斯基曾经讲过一句著名的话：地球是人类的摇篮，但是人不能永远生活在摇篮里。

科学家们更关注的是：这颗红色的行星上是不是曾经有过生命，人类在宇宙中是孤独的吗？

科幻作家刘慈欣曾经讲过一段话：火星是人类进行太空移民的第一选择。最有可能的情况是，当危机到来时，人类才投入全部力量到地外世界的探索和开拓中去。而其实人类移民到火星需要漫长的时间来实现。

还有个哲学家讲过一句话：你要问去火星有什么意义，那么请问若干亿年前海洋生物第一次爬上陆地有什么意义？

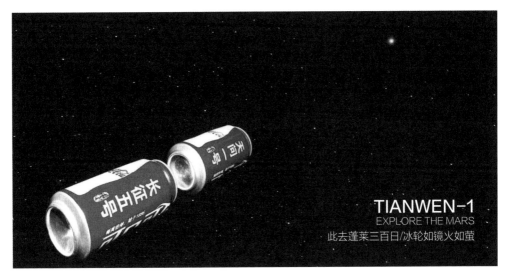

天问一号发射纪念

　　我们为什么要去火星？通过几幅图片启发大家思考。火星的一天是24小时40分钟，地球的一天是24小时。那么每隔37天，祝融号所在的乌托邦平原工作地点的地方时和地面上火星车设计师们使用的北京时间就会经历同一个时刻，同时同分同秒。

　　在接受北京电视台采访的时候，笔者特意把这层含义做成了一张图片，并为这幅图起了一个名字叫作"天涯共此时"。

天涯共此时[1]　杜勇 拍摄　谭浩 制作

❶ 曾经有人指出图片中"THE"是错误用法，设计师解释道："那是因为我们探测的是现在的火星，不是过去的，也不是未来的火星。"

与地球大气阳光散射效果不同，在火星，到了日落的时候，天空不是红彤彤的，而是淡蓝色的。

为什么去第五重　谭浩　制作

火星也是有卫星的，而且是两个，不过都有点小。火卫一不可能把太阳全都挡住，形成不了地球上的日食景观。但是火卫一凌日时，不规则的黑影在日面上几十秒划过，也很壮观。

火卫一凌日　谭浩　制作

还有一种百年一遇的天文奇景——确切地说是八十年一遇——地月系统凌日。相对于火星而言，地球属于内行星，难得一见的奇景就是看地月同时凌日，两个小点从太阳表面上缓缓滑过，需要几个小时。有的时候间隔比较远，地月会横跨整个太阳的表面，也有的时候相对来说距离比较近。

地月系统凌日　谭浩　制作

这几张图片想要表达的意思是：探索火星的意义，就在于为人类增加一个视角，从这个视角看火星、看地球、看太阳系，甚至看整个宇宙，包括审视人类自身。

火星采样返回

人类通过历次火星探测任务逐渐加深了对这颗红色星球的认识，但是火星探测中，至少还有两个领域，人类还没有真正地涉及：一个就是对火星内部结构的研究，在火星表面不同位置安装若干震动测量装置，或者是人工制造震动，或者是在陨石撞击的时候观测地震波传播的情况，然后反演出火星内部的结构；第二个就是把火星表面的土壤、岩石样本采回，在地球实验室里面进行更详细的研究。

火星无人探测的下一个目标是采样返回，多个国家宣布计划在10年之内实施。俄罗斯曾经安排过一次火星探测的任务，就是想完成从火星的卫星福波斯采样，并返回地球，但是在发射阶段，探测器没有成功进入奔火轨道。火星表面采样与火星卫星采样的难度还是不一样的，至少需要在火星表面发射火箭，克服火星引力，将样品升空。

目前规划中的火星表面采样任务都不是一次发射任务，而是由两枚或者更多火箭发射多个探测器，协同完成落到火星表面、采集样品、发射升空、样品转移、返回地球并再入等一系列复杂的动作。

在火星表面采集土壤和岩石样品这个环节有多种实现方式。着陆火星之后，就在着陆点附近数米范围内利用机械臂采集表层样品是一个比较简单的选择。利用钻探机构，钻到地下的1～3米深处，并在不同的深度分别采集样品，就可以获得着陆点土壤分层情况，对地质演化分析有利。还可以派出火星车、直升飞机，在着陆点附近数百米或者数千米范围内有选择性地采集样品，好处是样品种类会更丰富。

采集的样品会被相对独立封装，放在金属容器之中。接下来就是样品的升空，也就是在火星表面没有发射场的情况下发射火箭，把样品容器送入火星环绕轨道。人类已经有控制探测器在月球表面起飞、入轨的工程经验，但是火星会更困难些，速度增量大对火箭设计提出了更高的要求，起飞前在火星表面经历了长时间低温等恶劣环境，距离遥远，需要火箭自主执行动作。选择什么样的火箭发动机完成这个艰巨的任务呢？液体火箭发动机的操控性能好，缺点是温度控制要求高，可是在火星表面低温环境下实现温度控制需要付出的代价比较大，这样温度适应性更强的固体火箭发动机成为更好的选择。

样品入轨之后，来接应的探测器也飞到附近，如何实现样品的捕获也是一个重要的技术问题。如果是两个探测器对接，然后转移样品容器，技术成熟但是代价太高，更灵活巧妙的手段正在研究之中，比如用飞网罩住样品容器，或者把样品容器像子弹一样发射出去正好打中环绕器上的接收位置，等等。

去火星时发射有窗口，同样的道理，从火星返回地球，为了节省燃料，也是有发射窗口的。探测器在环火轨道等待，窗口一到，发动机点火，探测器加速，挣脱火星引力的束缚，进入回地球的霍曼转移轨道，还是需要半年以上的时间，回到地球，以超过11.2千米每秒的速度进入地球大气层，最后样品落地。

设想中整个任务过程需要3年时间，其间的很多环节都是只有一次机会，必须保证动作可靠实施，才能拿到不到1千克的火星的土壤和岩石样本，送到最精密的实验室去分析、研究，深化对火星的认知。

载人火星探测

一个被广泛讨论的话题是，继续探索火星，到底是机器人合适还是人合适？支持机器人方案的观点认为，没有什么科学问题的研究一定需要人类亲自到达火星表面才能完成，而且使用机器人所需要的经费比载人火星探测肯定要低得多。支持载人火星探测的研究人员更多强调的是人类的智慧，因为只有把人类送到了火星的表面之后才能够更深入地研究火星。可能他们说得并不矛盾，只是在根据自己的观点，寻找着各自的理由。

所以尽管无人探测取得了很多的成功，未来也必将继续发展，但是仍然有一些工程技术人员和科学家对载人火星探测任务情有独钟。不可否认，人类到达另一颗行星，甚至在火星长期生存，成为行星际物种，确实是一件激动人心的事情，但是这一天什么时候到来，争议很大。

载人火星探测至少持续数年的时间，航天员如何在这样长的时间内安全地生存，完成科学探测任务，对科学、技术和工程都提出了巨大的挑战。任务的总体规模相当庞大，需要携带航天员乘组所需要的所有的物资，必将导致整个工程项目经费是一个庞大的天文数字。航天员长期在轨道上飞行，还存在着一系列的乘组医学问题，比如宇宙射线的辐射防护。

为了推进载人探测火星立项，NASA 曾经设计了新型带加压舱的火星车，该车重点考虑了航天员的生存需要，采用常规电池驱动，并配备核电池。该车有六个车轮，每个车轮独立驱动，前、后的四个车轮具有独立的转向功能。其他国家的团队也开展了火星表面活动的早期研究工作，比如出现应急情况时，为了保证航天员的生命安全，配置一种服务航天员应急返回基地的车辆。还有很多生命保证方面的课题也处于早期研究阶段。

载人火星车概念

应急返回车

载人火星探测任务执行期间需要巨大的速度增量，传统的化学推进剂、核推进、电推进等等，甚至利用金星借力飞行，都进入到了工程师的视野，但是，目前还没有找到一种简捷的方式，能够提供足够的速度增量，而且代价可以承担。所以有一些工程技术人员开始考虑利用火星表面的资源来进行化学推进剂的生产，这属于火星原位资源利用。利用火星表面的资源降低任务成本，比如分解二氧化碳，生产出一氧化碳和氧气，甚至再将水分解，生产氢气、氧气等。

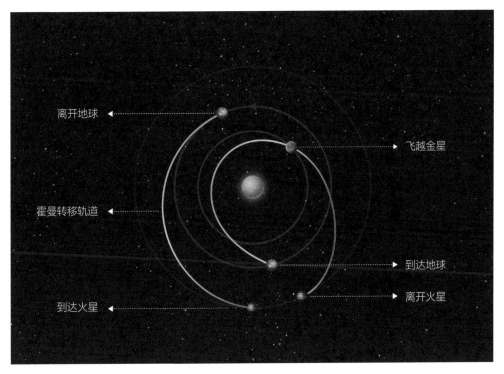

利用金星借力的载人火星任务轨道

载人火星飞行乘组应该是几个人比较合适，也是一个很有意思的话题。曾经有专家建议最少的人数应该是四人，而且希望他们都参加过多次地球轨道的航天活动，精于不同领域的技能。

不管一个乘组是四个人还是六个人，如何组合才能让航天员发挥最大的野外生存能力是一个更值得研究的话题。比如说需不需要一个医生，甚至是心理

第 9 章 展望未来 167

方面的医生，需不需要工程师，什么专业的工程师？

在地面上，一个小手术不是那么让人担心，但是如果要在飞船中做这个小手术，那么就有许多的问题需要解决。比如说如何营造无菌的环境？手术过程中出来的血液会不会飞散到整个飞船？

可能还需要一个地质工程师，便于判断在火星表面上发现的石头是不是有价值，以后能不能为人类所利用；或者是一个飞船的维修工程师，在遇到困难的时候，可以使用备份件对飞船进行简单的维修；等等。

在一个乘组里面，不同的角色分工固然重要，但是更重要的是有一个能够让大家从心底佩服、信任的指令长。尤其是飞船出现问题或者执行任务过程中遇到困难的时候，听从指挥，遵守规则，对于航天员来说至关重要，甚至会影响他们的安全。在所有的能力里面，大家公认的最重要的能力是随机应变。

曾经有人把移民去火星，与地面上的荒岛生存相提并论，这其实差别还是挺大的。虽然在荒岛生存也颇不容易，非常具有挑战性，但是毕竟不大缺氧气，而且小岛上的植物果实及降雨能提供淡水，有一些简单的工具可以利用树木制造出来，钻木取火之后，还能实现保暖。可是在火星上，所有的这些问题都相当困难。

在封闭的环境里面生活几年，周围是固定的几个人，这本身对一些人来说就是一个莫大的挑战。有可能你现在心理是健康的，也不认为自己会遇到什么样的心理方面的挑战，但是处在一个特定的环境下，时间又特别长之后，可能你就变得不那么像你了。

飞向火星的飞船是一个狭小的封闭空间，有的时候有一些事情需要处理，但是事情并不是特别多。几个月下来，人就会觉得很疲惫。舱内有一些莫名其妙的噪声，阳光变得不那么规律，昼夜颠倒、生物钟被打乱……这些有可能影响航天员的睡眠，甚至使他们逐渐地产生一些身心机能的紊乱。

总之，这些都是开放式思考，还没有标准答案，等待着更多感兴趣的人去求索。

　　和地球上一样，火星上也有许多旖旎风光等待着你去探访。

　　①火星峡谷。科学家对美国国家航空航天局火星勘测轨道器发回的高清晰度图像进行分析后发现，火星峡谷中有水曾经流过的痕迹，这为火星找水提供了线索。

　　②维多利亚陨石坑。这是美国国家航空航天局2006年10月6日拍摄的维多利亚坑图片，直径800米，深度60米，机遇号火星车曾经对维多利亚坑进行过为期两年多的探测。躺在坑底，可以感受到陨石撞击时的激烈，体会火星地质演化的沧桑。

　　③火星天然金字塔。火星海拉斯盆地东部一处表层被流质沉积物覆盖的山形地带，是比埃及金字塔更壮观的大自然奇迹。

火星峡谷

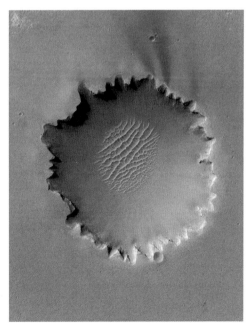

维多利亚陨石坑

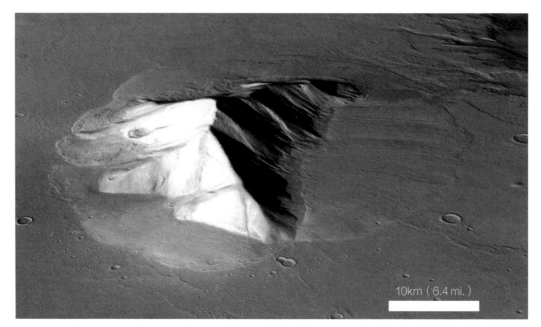

火星天然金字塔

④信手涂鸦。美国探测器拍摄的火星地貌的图像，像是艺术大师的抽象作品。

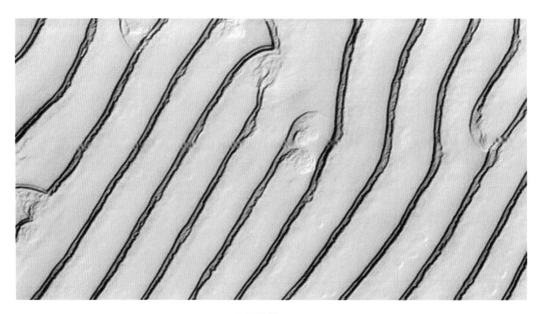

火星地貌

⑤踏雪寻梅。火星的冬季，二氧化碳都懒得在空中飞舞，静静地凝结在沙地上。你是否有兴趣在火星峡谷滑雪，这里的低重力使你即使摔在地上也不会感到特别疼。

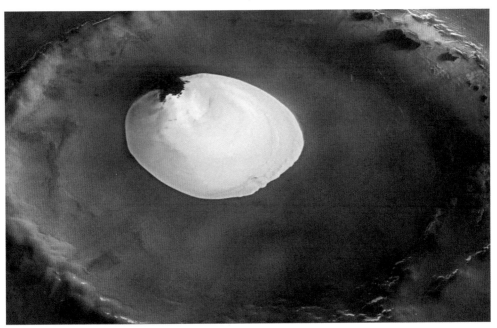

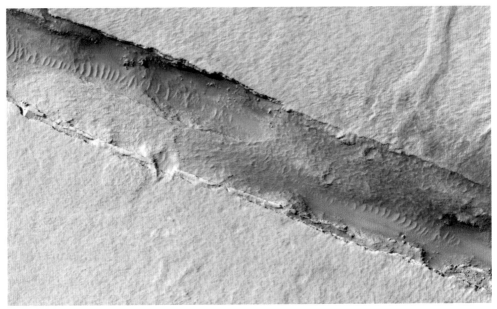

大自然创作的艺术作品（一）

大自然创作的艺术作品（二）

⑥火星航天遗迹考古。如果你喜欢航天考古，可以到火星探测器着陆区去寻找一下早期人类探测火星的遗迹，也许你会发现降落伞，也许你会发现机械臂上面的研磨器研磨过的石块，也许可以找到已经失效的探测器，甚至像《火星救援》中男主角马克那样用古老的天线与地球取得联系。还可以在火星沙地上，用石块摆出字母，向宇宙表达你的浪漫。

怎么样，火星很美，攒够了盘缠就出发吧！

改造火星

人类早晚会有一天要移民到地外星球，比如火星，虽然现在还无法预测那一天有多么遥远。不过现在就可以开始策划做些工作，验证一些移民必需的关键技术，想一想都激动万分。

在那一天到来的时候，人类的科技水平一定有了极大的发展，也许用到的科技原理，现在还没有认识到。就让后人原谅今人的无知，以现在能够想象的技术，预测一下这划时代的壮举。

移民是要呼吸的，工作时随身携带的"氧立得"，消耗碱金属，利用火星大气生成氧气。居住在一种特殊的建筑（这里称为Mall）里面，移民可以自由呼吸，那里的氧气是生物氧，而且是免费的。火水（产自火星的水）的价格很低，如果非要喝一杯进口的地水（产自地球的水），那只能支付不菲的火币了。但是这里有一句名言，"人的一生一定要喝一杯地水"，不仅仅是因为地水的口味，更因为那其中的怀旧与感伤。

Mall的壳是用玻璃高温打印的，最常用的形容词是晶莹剔透。老人和孩子一般是不离开Mall的，因为担心辐射年龄增长得太快。移民都很注意保养，去野外工作前，都要涂抹防辐射霜。Mall的地下部分温度保持在 - 20℃，很多移民不愿意去地球旅行，就是因为那里几乎都是热带地区，居民平均寿命低于火星移民。只有地球的两极稍好些，建设了很多移民度假村。

旅行用的输运舱，加速和减速的时候，还是选用化学燃料，最常用的推进剂是一氧化碳与氧，有时也用甲烷和氧。长时间飞行主要靠太阳帆，在地火等行星之间穿梭，有多条线路可供选择。

在火星表面短距离旅行的运输工具是电动车，如果远行，为了节省时间，只能用磁力炮了。核能、太阳能在能源结构中的比例已经开始下降了，风能发展方兴未艾。

好吧，让思绪回来，当下我们能为移民做些什么技术准备呢？至少包括一氧化碳与氧制备、二氧化硅高温打印、太阳帆、微生物制氧、宏尺度的风能利用。

人类生存的基本条件包括食物、阳光、水、氧气等，长期生存的条件还包括生产工具、可开发的资源、医疗保障等等。

少量人类个体的探险型火星表面短期生存，其生命保障所需要的水、食物、氧气、温度等保障条件，可以完全利用地球的资源满足。这种类型的活

动，对火星表面环境会有轻微的改变，着陆时也需要利用火星大气减速，但总体上看，人类生存所需的资源不依赖火星。

开发型活动——这种在火星表面较长时间的活动包括，从开发利用火星的资源，服务往返任务，逐渐发展到开发矿藏，服务地球的社会发展。例如，利用火星大气的二氧化碳资源，生产返回地球用的推进剂；开发金属矿藏，并运回地球。

进一步发展到移民型活动，移民在火星上所需的基本生存资源实现本地化，对地球的依赖仅限于少量、个别。这种活动进一步发展，物质交换的"脐带"、心理的"脐带"也可以断开，至少这种断开已不会使移民社会发展停滞。

发展里程碑可能包括：

◆ 人类探测器到达火星；

◆ 人类探测器到达火星表面；

◆ 探测器实现火星表面巡视探测；

◆ 火星表面样品到达地球；

◆ 人类到达火星表面；

◆ 实现利用火星资源，生产火箭推进剂；

◆ 掌握火星表面水资源利用技术；

◆ 建立地火全球通信系统；

◆ 出现在火星表面工作次数超过1次，且累积工作时间大于1火星年的航天员；

◆ 普通人经过短期训练后，到达火星表面；

◆ 适应火星表面环境的生物基因改造工程实现；

◆ 城堡式宜居化环境建设完成；

◆ 建设包括光能、核能、风能在内的完备能源系统；

◆ 火星资源反哺地球；

◆ 出现火星移民，人们到达火星后的任务列表中，不包括返回地球；

◆ 第一个火星人诞生；

◆ 正常死亡人类长眠火星；

◆ 发现演化形成的火星特有物种；

- ◆ 火星人到地球旅行；
- ◆ 移民生产、生活资源自洽；
- ◆ 移民自治；
- ◆ 隔离产生，隔离可能包括物质、心理、语言、文化、发展路线、生殖等方面；
- ◆ 人类亚种间爆发战争……

可以看出，不同类型的火星活动，对资源的需求是不同的，进入开发型活动阶段后，火星宜居化改造（MtoE）技术就已经成为必需，其发展目标是实现资源本地化比例的不断提高。

火星可以利用的资源至少包括以下几种。

①光。虽然火星轨道上阳光的光强仅为地球附近的42%，但是从发电的角度看，仍然可以看作是取之不尽的能源。火星表面的光强由于大气吸收、散射等原因进一步下降，而且受尘暴的影响，光强变化范围较大，但仍然是火星表面活动的成本最低的能量来源。

②大气。火星表面大气的压强小于地球表面的1%，主要成分是二氧化碳，可以在推进剂生产、风能发电中作为本地资源利用。

③盐。火星土壤中含有丰富的硅酸盐、碳酸盐、硫酸盐、氯化物等盐类，通过冶炼技术，可以实现建筑材料以及铁合金、铝合金的本地化生产。

④水。已经探明在火星两极地区有固态水，其开采、输运对移民的生产、生活均具有重要的意义。

火星环境最接近人类的宜居环境，但是火星的尘暴、低气压、低温环境，对人类的长期生存仍然是巨大的挑战，火星宜居化是人类文明的最大挑战之一。火星全球化的宜居改造，涉及的技术挑战巨大，从更具现实性的角度考虑，讨论局限在城堡式宜居化及全火面活动的层面。宜居化环境构建面临的挑战包括以下几点。

①低重力。低重力将引起人类骨骼的钙缺失，但从长期看，人类是可以适应这种低重力环境的。

②氧气。为了减少野外工作服的复杂性，保证操作的灵活性，以及降低居住环境的建设成本，城堡内部的压强可以考虑选择0.3个标准大气压（1个标准大气压 $=1.013 \times 10^5$ 帕）的纯氧环境。

③温度。实现环境温度控制的最好手段是建筑在半地下。火星土壤的浅层，可以实现恒温，随着深度的增加，温度会有升高。居住区可以建设在土壤的浅层结构中，既方便光能利用，又能降低环境温度调节的复杂程度。

④辐射。探测成果表明，人类使用防护服，可以短期适应火星表面的辐射环境。为了避免长时间的累积效应，更好地防护一次辐射、二次辐射，可以利用建筑材料实现。

⑤食物。发展氧化性土壤改性、适应火星环境的生物基因改造、无土栽培等技术，利用生物光合作用实现氧气、食物的生物化生产。

宜居程度的提高，既包括通过技术发展，实现火星环境的局部改造，也包括移民通过生物演化进程，更加适应改造后的火星环境。

为了实现火星表面环境改造，实现城堡式宜居环境的目标，需要发展以下几项技术。

①电。最简单的能源获得方式是太阳能。在火星表面，可以利用与火星光谱匹配的太阳电池阵，通过光伏效应，将太阳能转换为电能，转换效率大于30%。可以辅助以聚光等手段，提高单位面积的能源转换效率。为了提高能源供应的稳定性，考虑在火星轨道构建太阳能发电系统，通过激光实现能量的定向传输。

核能的利用也必不可少，同位素衰变的能量有限，有发展前途的还是可控核聚变。

火星表面气压很低，其风能利用难度较大，需要发展全方向适应的宏尺度风能转换设备。

温差发电、微生物燃料电池等技术也需要关注，实现能源利用的最大化。

能量的存储十分重要，需要发展超级电容等高能量密度存储设备。

②氧。火星表面短期活动的制氧可以利用碱金属及火星表面充足的 CO_2 资

源实现。也可以利用H_2O_2催化分解方法，同时满足生存所需要的两个重要条件，催化剂一般选用基于锰、钴等的金属盐和氧化物。工业化的制氧手段可以采取二氧化碳分解法，再通过膜分离或分子筛技术分离O_2，其反应为

$$2CO_2 = 2CO + O_2$$

水的电解，以及在矿物开采过程中，通过加热硝石等矿物，也会产生O_2。

成本更低的制氧方法是生物制氧，包括利用微生物和植物制氧。早期主要方式为微生物制氧，微生物适应的环境范围较广，例如在南极艾斯湖底层水中分离到嗜冷的乳酸细菌。微生物制氧的运行条件较容易满足，光能自养微生物在无机环境生长繁殖，利用CO_2作为碳源，利用铵盐或硝酸盐作为氮源，完成繁殖。光能自养微生物主要有光合细菌、厌气紫硫细菌等，以火星表面改造后的环境为生存环境目标，利用基因改造技术培育新的品种实现生物制氧。

更进一步，可以使用体型微小的藻类和真菌，在条件具备的时候，发展到利用更高级的植物完成制氧。

③水。火星表面最廉价的水资源来自极区的水和干冰混合物，可通过适应低温环境的移动智能体，自主完成开采、运输、分馏过程。矿物开采的过程中，也会有结晶水析出。还需要发展废水处理技术，避免宝贵的水资源被浪费掉。野外工作时，可以利用H_2O_2催化分解获得保障生命所必需的水。

④光。光能是最主要的宜居化初始能源形式。为避免尘暴等因素的影响，最方便的方式是在轨道器上布置太阳能发电站，再以激光或微波的形式传输至火星表面。在火星表面，太阳能除用于发电外，还包括光合作用、照明、局部高温实现等用途。一种特殊的短时间获得光的方式是，用激光点燃的金属粉末在二氧化碳环境中燃烧。

⑤建筑材料。火星土壤可以作为建筑的材料，设想通过高温熔化，再用3D打印的方式实现建筑构造，利用硅土形成建筑构件，材质类似于玻璃，可以实现气密性。

火星土壤中含有丰富的盐类，利用不同成分的矿物，通过冶炼，可以生产

出铝合金、铁合金、单晶硅等宜居化必需品。

⑥食物。最主要的食物是藻类，其繁殖过程要求低，可以利用二氧化碳生产淀粉等人类生存必需的营养物质，逐渐发展到植物食物，包括水稻、小麦等自花授粉粮食作物及各种蔬菜。为了避免口味单一，使用各种风味丸进行调剂。

⑦推进剂。最容易实现的本地化化学推进剂是LCO、LO$_2$，如果认为这种推进剂组合的比冲小，还可以使用LCH$_4$、LO$_2$。LCH$_4$的获得方式可以为

$$CO_2+2H_2\!=\!=\!=\!CH_4+O_2$$

另外，在火星表面的短距离移动可使用电动车、气球作为运输工具，远距离运输则可使用磁力炮和降落伞。

两栖车设想

火星奥运会

也许会有那么一天，比如2408年，人类会在火星上召开一届奥林匹克运动会。

经过了历代移民的开发，火星已经成为人类新的生存空间，移民居住在火星晶莹剔透的玻璃城堡之中，有的城堡已经足够大，可以举办奥运会的体育比赛。

移民居住的半地下玻璃城堡

光能是火星最主要的初始能源形式，玻璃城堡透过可见光，抑制红外线射出，最大限度实现保温。

火星轨道器电站

　　火星移民很喜欢来自地球的水，运动员去火星的时候，可以带几瓶，不过如果超过两瓶，是要收税的。

　　火星有开采地下水的工厂。工厂生产的水，相对来说盐度有点大，不能直接饮用。

　　我们的运动员到了火星要受点儿委屈，火星还只有植物蛋白，所以食物里面还不包含肉。组委会一定努力地为运动员精心准备各种美味佳肴，但都是素食。

　　运动员从火星回来的时候，需要使用推进剂。在火星上，正在加班加点地生产把运动员运回来的推进剂。工作制也是"996"，不过火星上的早9点到晚上9点，比地球上还长一些，相当于12小时20分钟，因为火星的一天是24小时40分钟。

推进剂生产基地　杜勇　拍摄

这届火星奥运会要成就一批新的英雄。因为不管是在公元前开始的古代奥林匹克运动，还是在1896年开始的现代奥林匹克运动，成就的一批批体育明星都是在地球上。这次把奥运会搬到火星，必将造就一批火星的明星。

体育场的改造工程量并不是很大，因为现场的观众不会特别多，不过电视转播权的购买应该比较火热，价格应该也会比较高。

火星奥委会主席埃隆，曾经提出来要在五环旗上再加一环。他说五个环代表五大洲，现在火星经过十几代移民的努力，已经发展成现在这个样子，是时候给火星加上铁锈红颜色的一环了。他的提议没有被采纳，因为在设计五环旗的时候，就讲了奥运会的五个环以及它的白底儿，一共六种颜色，实际上是选取了所有成员国国旗的颜色，而且也不能火星有移民了我们就加一个环，金星有移民了我们就再加一个。大家说这意见对吧？

这届奥运会的开幕式，将在火星最大的玻璃城堡举行。城堡的环境控制中心将被改造为新闻中心，媒体朋友写稿子和发信息都在这里。中心右前方特意准备了一批计算机，这是为中国的记者准备的，用的是麒麟操作系统。

奥运会新闻中心　杜勇 拍摄

在纯氧的环境里面，为了保证安全，这里的插座是36V直流电，记得带上转接头，在"东宝"网站上就可以买到。

运动员、教练员和裁判员将被安排住在运动员村，里面有餐馆、邮局等，还有火星特色商品，人们可以在这里购买小行星陨石和火星岩雕。

火星表面的温度对地球人来说苛刻了一些，但也不用特别担心。虽然是夏季，但运动员村还是为每个人都准备了电褥子。

一些比赛的规则、场地和器材都不需要调整，比如击剑。

不只是游泳，凡是涉及水的项目，包括皮划艇、帆船、跳水，都需要取消，因为在火星上这样用水和犯罪是一个意思。

还有就是马术，凡是涉及马的项目也必须取消，因为目前火星还不允许除了人类之外的哺乳动物存在。

虽然很多移民去火星时提出带上自己的宠物，但是没有得到批准。火星管委会一直说在研究，但是研究了几十年，也没有任何松动的迹象。

有个比赛，叫作铁人三项。其中自行车和跑步问题不太大，游泳不能举办。还有一个现代五项，涉及马术和游泳。但是把这些项目直接取消，有点可惜，所以大家正在想涉及马、水的项目，做什么样的调整，才能把这个项目持续下去。

田赛和径赛举办起来，问题都不是特别大，只是需要做一些调整。

聊一个最简单的项目——铅球。因为它比较沉，形状又比较简单，尽管在空气中飞起来会有阻力，但是这个阻力不是特别大。

如果要计算铅球在火星上能够飞多远的话，要考虑火星的重力加速度小的因素，更仔细地考虑一下，还包括铅球旋转的速度等。地球上的男子铅球冠军在火星上可以把铅球掷多远呢？男子铅球的世界纪录如果是25米，在火星上计算结果的均值是62.5米。铅球出手的速度是15米每秒，出手高度2米。地球上铅球最高飞到了8米，距离是25米。地球上留空时间2.34秒，火星留空时间5.89秒。在火星上，铅球最高飞到了17米，距离达到了62米。这成绩提高得还是比较显著的。

再看看下一个项目，在火星上男子会跳多高呢？地球上男子跳高的世界纪录如果是2.5米，在火星上一万组计算结果的均值是4.98米。

标枪也必须做点调整，如果不调整的话，这些大力士会把标枪扔到观众席上去。跨栏运动中的栏架好像需要提高一些，否则的话，在火星上跨过和地球上一样的高度，就有点太容易了。

蹦床需要调硬点儿，要不运动员在空中的时间，就会变得更长，或者说太长了。

链球运动通过旋转获得速度。链球在转，人也在转，然后在一个合适的位置投出去。但是在火星上，重力变小了，人和地面之间的摩擦力也变小了，转得太快的时候，链球就可能把人给带得飞起来了。所以很担心在火星上，链球成绩是要下降的。期望通过做点改进，解决这个问题。

体操是一个更适合在火星举办的项目，因为运动员跳起来之后，留空的时间会变得更长。1992年的时候，李小双在巴塞罗那奥运会上做过一个团身后空翻二周，那么到了火星上，也许运动员可以挑战一下团身后空翻四周了。

球类的比赛，相对来讲好处理，把球的重量做适当的调整，加重一些应该就可以了。篮球的篮筐高度要调整一下，否则扣篮就变得太容易了。对于沙滩排球来说，运动员再也不用担心沙子里面有贝壳了。

举重也需要准备比较重的杠铃片，运动员的成绩估计也会大幅度提高。

拳击运动，组委会准备设计新的鞋子，让拳击运动员脚抬起的时候困难一点，否则，一个拳击手一拳下去，另外一个就会被打飞。

还有射箭、射击的比赛规则，都不详述了，怎么调整瞄准具、调整准星，让那些年轻人和他们的教练员去想吧。

艺术体操比赛准备安排在海螺城堡。城堡里面只有0.3大气压，声音的衰减会更快一些，需要把音箱的声音提得更高一些，而且音箱布置的间距也要更小一些，才能够保证运动员在比赛的时候听清楚音乐。

奥运会比赛用的体育器材尽可能地安排在火星生产，比如铅球、铁饼，这些问题不大，已经开始投产了，但是埃隆特别提醒，有一些东西火星真没有，比如羽毛球。为什么火星上没有羽毛球？因为火星上还没有鹅。

海螺城堡　杜勇 拍摄　李锐 制作

埃隆知道中国的国球是乒乓球，他特别提醒乒乓球运动员，在扣球的时候，力道要小一点，否则扣过去之后，很可能因为飞得太快，导致扣杀球不上桌。

还有一些户外的项目，比如越野自行车，准备把运动员运到距离城堡5千米的地方，把他们放下，然后看谁骑回来得最快。

在运动员车的后边挂的两辆车就是专门设计的火星自行车，还给运动员设计了一种比较轻便的航天服，便于他们在火星上脖子扭扭，屁股扭扭，做运动。

自行车比赛起点

还有就是滑雪，本来不用安排，因为是夏季的奥林匹克运动会。但是埃隆坚持说，滑雪在火星就是夏季运动，因为冬天的时候，滑雪容易得流感。

还想请埃隆考虑有没有火星特有的运动项目，他想来想去也只想出来一个扔沙包，似乎没什么必要增加这个项目了。

为了举办奥运会，必须把运动员提早运到火星。不过大家不用担心，已经跟地球上的各航天大国谈好了，唯一的问题就是票价的打折还不让人满意。

为了让运动员适应火星比赛环境，在去火星的路上，刚开始会让飞船按照一定的速度自旋，在飞船里面造出一个人造的重力加速度。运动员刚上飞船的时候，感受到的重力和在地球上的感受是一样的。但是1个月之后，会让它旋转得慢一些，让运动员适应未来火星的环境，这样等到达的时候，就可以直接参加比赛，不用适应一段时间了。

总会有落幕的时候，闭幕式上准备了焰火表演，但是这个焰火和地球上的一硫二硝三木炭不太一样，用的是碱金属的粉末。在二氧化碳的环境下，用激光把它点燃，就会呈现出焰火燃烧的样子。

闭幕式即将开始　杜勇 拍摄　李锐 制作

闭幕式焰火

　　奥运会的正式比赛一般不会超过16天，由于一些项目已经取消了，这次准备在12天内完成。其中一个原因，就是如果比赛时间再延长，有可能会碰到日凌，也就是说火星和地球处于太阳的两端，时长有一个多月，比赛信号不能直接传回地球，火星也无法与地球取得联系，不利于运动员的安全返回。

　　当然，在火星上举办奥运会也是有一定风险的。比如遇到尘暴的时候，发电就不太足了。当然火星天气预报的水平也在提高，大的尘暴的预报精度已经达到了80%，不过小的尘暴，目前还停留在50%的水平，和掷硬币的概率差不多。不过大家不用担心，会给参加户外项目的运动员买保险。

　　除了参加比赛，为了收支平衡，需要观众和运动员都参加火星旅游项目，游遍火星全球的各个景点，其间安排的购物次数，不会少于30次。

　　首先到最早的火星AAAA级景点流沙春秋。

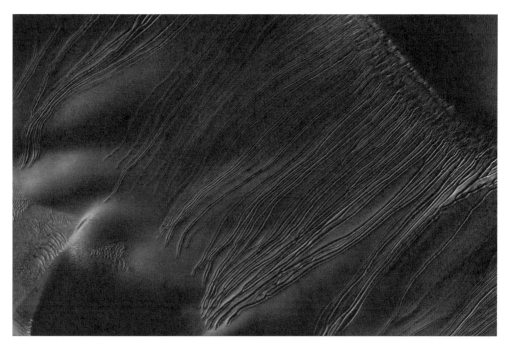

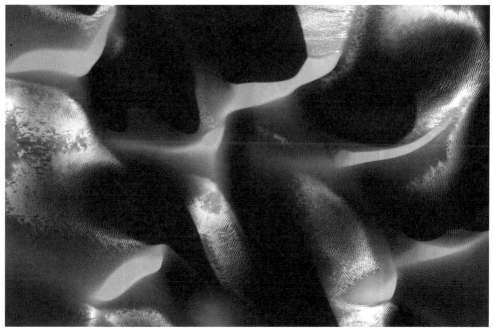

流沙春秋

　　然后去一个野景点，还没有开发。期望等到火星的水资源比较充沛的时候，在这里搞漂流。

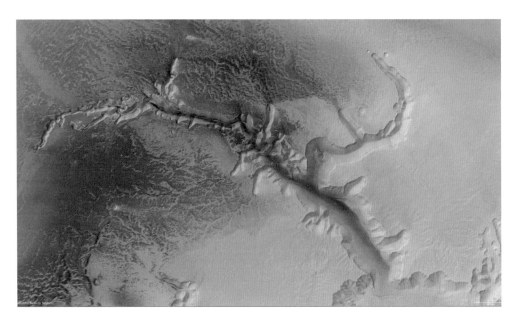

漂流景区

还有一个专门给地球人准备的景区，因为听说地球人在旅游的时候，特别喜欢画画。

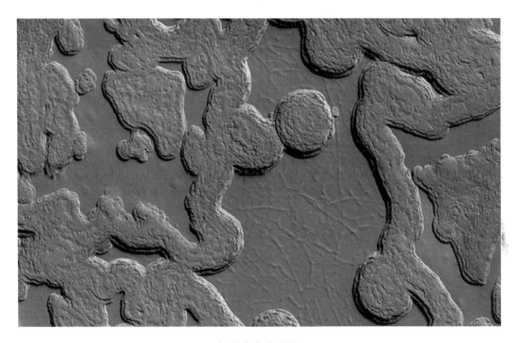

地球人专享景区

忙了一天，黄昏时凉风袭来，别错过一轮落日，可以拍一下。在地球上日落过程大概是120秒，火星上日落持续时间缩短了1/3，而且颜色偏淡蓝色，要提前准备好光圈、快门参数，尽快按下。

晚上休息之前，还可以试一试星野摄影，或者拍摄星轨。在地球上拍摄星轨，中间的那颗星叫作小熊座α，但是火星北天极附近那颗亮星是天津四，只是不在正中心。搞个火星摄影比赛，这张照片肯定会得奖。

在火星，晚上看月亮也是不错的消遣方式，一边吃着素月饼，一边欣赏火卫一的圆缺。

夜深了，还有一个更小众的景点——火星的先驱者陵园。如果大家感兴趣的话，可以来缅怀一下先驱者，了解一下火星开发的故事。

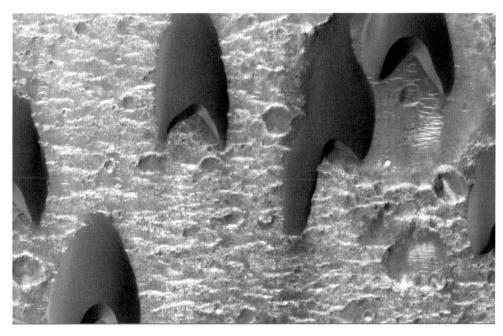

俯瞰先驱者陵园

刚才一共提了三个问题：一是现代五项、铁人三项里面涉水、涉马的项目要做什么样的调整；二是链球运动比赛的成绩可能要下降，有没有提高的办法；三是火星比赛用的体育器材，要做哪些有针对性的调整。

不管你能解决哪一个问题，都欢迎联系我们啊，下面是为你准备的比赛门票。

第129届奥林匹克运动会 Games of the CXXIX Olympiad

田径
Athletics

日期／时间
2408年08月21 Date / Time
19:00 Aug.2408
19:00 **A21**

区	层	通道	排	座席
Sector	Tier	Aisle	Row	Seat
L	**1**	**151**	**29**	**1**

玻璃城体育场
Glass City Stadium

800 RMB **A** **NSAT212** **3-33602**

2408年的奥运会门票

不同的年龄不同的火星

如果对浩瀚的宇宙感兴趣，那么多读书，多读和火星有关的书，开展一些有意思的拓展活动，不管你多大，火星都陪着你。宇宙很大，一起去看看。

（1）学龄前

①利用暗红色的橡皮泥或陶土，请孩子们努力团成一个球，最后按上孩子的指印。如果是陶土还可以进窑烧制成形，形成自己制作的手工艺品。更复杂一点，可以为火星的南北两极增加一点白色的极冠，刻上水手大峡谷、奥林匹斯山等火星地理特征。还可以制作一大一小、一蓝一红两个球，大致保持地球、火星两颗行星的大小比例关系，变成送给父母的礼物。

②配置暗红的冰淇淋原料，用勺子多次挖取，逐步成为球形，看谁做得更圆，配合火星图片包装纸。欣赏完了别忘记吃掉它。

③选择我国火星车拍摄的火星表面场景，数字合成小朋友穿着宇航服来到火星的照片，还可以与探测器合影，形成"我来到了火星"系列图片。

（2）小学生

①选择精美的火星地貌图片，以及探测器图片若干，切割成不同数量的小块，制作成火星图片拼图。

②按照八大行星与太阳的大小比例关系和距离关系，制作球形彩色道具，学习自转、公转等知识。

③利用小型天文望远镜，并配上日珥镜等附件，开展对日食、月食、五大行星的观测，对太阳黑子及日珥进行观察。

（3）初中生

①了解火星卫星潮汐锁定原因。

②观测恒星、行星、卫星，拍摄星轨。

③利用带有灯泡的太阳，以及地球和月球模型，通过影子的变化了解日食与月食天象背后的科学原理，了解火星卫星食现象的原因。

④了解火星冲的原理，计算大冲出现的周期。

⑤知晓星等概念，了解目视星等的影响因素。

⑥了解星团、星云的含义，利用小型天文望远镜或深空相机对梅西耶星体进行观察。

⑦了解光年与光速，理解恒星之间距离遥远，体会宇宙的广袤。

⑧理解行星轨道，知晓顺行、逆行与留现象的产生原因。

⑨制作乐高积木的火星车版，加上电池可以前后运动，通过拼装了解火星车的内部组成及工作原理。

（4）高中生

①设想去火星时，如果只能带一件私人物品，选择带什么？每个人的答案都会不同，引导同学们思索什么是最重要的。

②设想送给外星人的礼物。这属于创意型题目，考虑送给外星人什么礼物最能代表地球人的想法。

③设计火星体育用品。针对火星环境，讨论在火星上进行体育比赛时，体育器材需要进行怎样的调整。

④了解宜居带概念，分析人类生存的必要条件，例如水需要保持液态是否是其中一项必要条件。

⑤了解四季成因，体会光照时间的长短变化，知晓极昼与极夜原因。了解火星四季时长，并与地球四季进行比较。

⑥调整弹射火箭质心、压心位置，努力使弹射火箭飞得更远。

⑦了解宇宙速度的定义，尝试计算火星对应的三大宇宙速度数值。

⑧了解恒星的光谱与化学元素间的对应关系，理解红移、哈勃常数。

⑨理解火星地方时概念。

（5）成人

①地球丹霞地貌与火星地貌的类比分析，了解不同研究目的选择火星类比点的不同考虑。

②畅想类话题，比如：移民火星会诞生哪些新的职业、工种？对火星导游的要求与对地球导游的要求有什么差别？

③讨论适合在火星繁衍的动物、植物、微生物。不同pH值的土壤适合哪些种类的植物生长？不同种类动物的生存条件有何不同？人类最基本的生存条件有哪些？哪些植物会变成火星的经济作物？地球上的生物大多存在于水、氧气、阳光等自然条件之下，那么当这些条件逐渐消失，对生存条件要求最低的生物是什么，这样的生存条件又是什么？

④生物制氧的物种选择。氧气的制造对火星移民而言至关重要，选择何种生物制氧可以做到投入少，产出大？如果只带一种动物去火星，哪种动物最适合？可以将选择的生物命名为"火星先行官"。

⑤使用什么样的挖掘技术，可以实现在火星建设城堡时效率更高？

⑥火星表面的低重力、低气压和尘暴环境，对航天员穿的航天服设计会有什么影响？如果是在火星举办奥运会，户外自行车越野比赛时运动员穿的航天服，会有什么特殊的要求？

⑦编撰一部火星历法，设想火星人夜观天象，会提出一部怎样的历法：一年多少天？一天多少小时？还会有七天循环的星期制度吗？甚至时间、长度、温度等基本参数单位的选择会与地球人的选择都不同？

⑧分析不同条件下太阳电池发电过程中，直射光与散射光的贡献比例。

⑨探讨在火星表面工作时，太阳电池片的除尘方法。

⑩为了保护人类的安全，分析建设人造超导"火星电磁城堡"的可行性，实现对高能带电粒子的屏蔽。

（6）竞赛类项目

火星天象奇观分析，举例说明开展以火星为主题的科技类竞赛活动。

在地球上，可以观看的天象奇观包括日食、月食、行星连珠、金星或者水星凌日、流星雨等，这些天象会引起天文爱好者和广大公众的关注，随着航天技术的发展，又出现了国际空间站凌日、凌月等"人工天象"，在这些特定的时刻拍摄到的作品赢得了广泛的称赞。

那么，人类的探测器来到火星，在轨道上或者在火星表面上工作，为人类增加了新的视角，分析在火星可以观测到哪些天象奇观，有助于从火星的视角了解宇宙，进而加深对人类自身的了解。

火星有两颗卫星，但是在火星表面看，两颗卫星都比较小，所以无法出现日食那样的壮观天象；不过火卫一或者火卫二从太阳表面经过的时候，会出现火卫凌日的天象，更难得的是两颗卫星同时凌日；有时，火卫一凌日发生在日出或日落时分，可能出现带食出或者落，如果火卫一凌日发生在刚刚日落时，还会感受到阳光亮度持续20秒左右的变暗并恢复；火星的阴影会挡住照射到火星卫星上的阳光，因此类似月食那样的天象是会出现的，不过火星大气的散射作用没有那么强，不会见到古铜色的"月亮"。

地球上有著名的三大流星雨，火星的流星雨情况至今还没有分析清楚。在火星表面，什么时候能够看到五星连珠？火卫一、火卫二是不是会掩地球？

除了可能看到水星、金星凌日外，还会出现地球、月球凌日的天象奇观，分析一下，下一次地球、月球凌日出现的时间我们是否能赶得上。了解火星探

测器的轨道之后，同样可以分析人造航天器凌日等现象出现的时间和地点。

　　使用专门的STK等分析软件，可以预报这些难得一见的天象将会在什么时候出现，经历多长时间。可以设计一项开放式的竞赛活动，通过软件分析预测各种难得一见的火星天象奇观，成为对天文、航天、计算机软件应用感兴趣的高中、大学学生参加的竞赛活动，天象越是难得一见，分值越高，其他选手没有想到的项目，分值更高，最后领先的选手不但熟悉相关知识，软件技能熟练，而且还要充满想象力。

　　总之，希望成长的道路上，一直有火星陪你，也许未来登上火星的人，就是你。

后记

航天科普是科学与技术普及的重要组成部分，神秘的星空在远古时就吸引了人类先民的关注，顾炎武讲"三代以上，人人皆知天文"，说明天文与早期人类活动之间关系密切。随着科学技术的发展，普通民众不再需要根据星空的变化了解季节时令，决定耕作的时间，城市的光污染甚至导致很多人长时间没有关注过星空。重新唤起对宇宙之美的关注有利于激发青少年的好奇心，增强其求知欲。

　　人类的航天活动因其风险而紧张刺激，是青少年关注科技发展的重要窗口，我国嫦娥工程、天问一号火星探测任务的实施，以及航天员一次次进入太空，吸引了世界的目光，青少年也从来自苍穹的一幅幅图片中感受到了祖国的发展，以及科技的魅力，因此开展航天、天文相关教育活动，具有良好的实践基础。

　　随着我国航天技术迅速发展，诸多重大航天任务成功实施，相关的科普实践也取得了实效。例如：航天员王亚平在太空讲授了微重力条件下物体运动规律等内容的课程，众多中小学生参加了听课活动；南京青奥会吉祥物的相关图片信息被送至月球背面的嫦娥四号着陆器；冬季奥运会的吉祥物冰墩墩和雪容融出现在火星着陆平台上；中国宇航学会分批认定了数十所航天特色学校，开展大量科普活动，使中小学成为航天素质教育的重要平台；众多青少年参加了玉兔号月球车、祝融号火星车等航天器征名活动，吸引公众关注航天。

　　以已经取得的科普工作经验为基础，结合我国重大科技工程项目，在公众中，特别是在青少年中开展喜闻乐见的科普活动值得认真研究。重大航天任务的实施，更是深入开展青少年科普活动的重要契机。

　　在科研工作之余，笔者开展了大量的科普活动，包括到中小学及高等院校讲授航天的基本知识，介绍月球车、火星车研制背后的故事，还曾经录制视频，扩大受众范围。十几年的科普实践中，收到过正反馈，也收到过负反馈。

　　有一次，在一所高校做国际空间周的主题演讲，结束之后，有个女学生跑过来和笔者握手。她说，就是在七年之前听了笔者在太谷中学的科普讲座之后，决定报考航天相关的专业，现在已经是硕士研究生了。她的这几句话后来成为笔者继续努力做好科普工作的莫大动力。笔者当时最大的感受是，科普工作就是为了让孩子们的眼睛更加明亮。

当然也有一次，讲座之后回答问题阶段，一名学生举手问：老师，别说您说的这些我听不懂，就是听懂了，有啥用？我当时愣在那里，好长时间没有想出来怎么回答好。这件事情对我的触动同样很大。

后来，笔者一直努力探索用青少年更喜闻乐见的形式，传播航天知识，还有航天工程师解决问题的思路、方法，以及航天人身上所体现出来的航天精神。逐渐认识到，在互联网发达的时代，介绍明白几个知识点没有那么重要，让青少年产生进一步了解航天、了解科学的内在动力更加重要，而且吸引他们的关注变得更加困难了，需要热心的科普人，动更多脑筋，想出更多的有效办法。

这本书算是一次新的尝试，效果怎么样就等读者评说了。

贾阳于尺清斋
二〇二二年六月